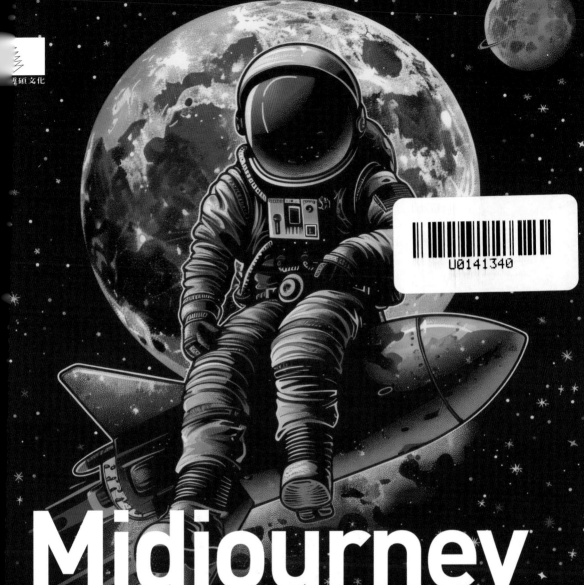

Midjourney
AI 繪圖

第二版

鄭苑鳳 著　*LCT* 策劃

指令、風格與祕技一次滿足

- 全面解析 Midjourney AI 繪圖技巧
- 精通 Midjourney AI 繪圖指令
- 解答 Midjourney 常見問題集
- 多層次的 AI 繪圖技法教學
- 以不同藝術家風格、藝術媒介呈現豐富實例
- 結合 ChatGPT 與 Midjourney 實作動畫故事

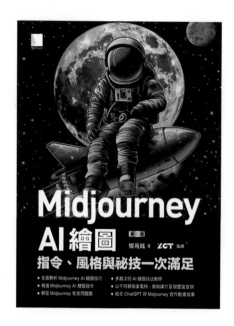

作　　者：鄭苑鳳 著・ZCT 策劃
責任編輯：黃俊傑

董 事 長：曾梓翔
總 編 輯：陳錦輝

出　　版：博碩文化股份有限公司
地　　址：221 新北市汐止區新台五路一段 112 號 10 樓 A 棟
　　　　　電話 (02) 2696-2869　傳真 (02) 2696-2867

發　　行：博碩文化股份有限公司
郵撥帳號：17484299　戶名：博碩文化股份有限公司
博碩網站：http://www.drmaster.com.tw
讀者服務信箱：dr26962869@gmail.com
訂購服務專線：(02) 2696-2869 分機 238、519
（週一至週五 09:30 ～ 12:00；13:30 ～ 17:00）

版　　次：2024 年 11 月二版一刷

建議零售價：新台幣 680 元
I S B N：978-626-333-999-6
律師顧問：鳴權法律事務所 陳曉鳴律師

本書如有破損或裝訂錯誤，請寄回本公司更換

國家圖書館出版品預行編目資料

Midjourney AI 繪圖：指令、風格與祕技一次
滿足 / 鄭苑鳳著 . -- 二版 . -- 新北市：博碩
文化股份有限公司，2024.11

　面；公分

ISBN 978-626-333-999-6(平裝)

1.CST: 人工智慧 2.CST: 電腦繪圖 3.CST: 數
位影像處理

312.83　　　　　　　　　　　113015540

Printed in Taiwan

博 碩 粉 絲 團

歡迎團體訂購，另有優惠，請洽服務專線
(02) 2696-2869 分機 238、519

　　時光荏苒，我們已進入一個 AI 機器學習的變革時代。 AI 機器學習不但深刻地改變人類的生活，也在藝術創作的領域帶來翻天覆地的變化。《Midjourney AI 繪圖：指令、風格與祕技一次滿足》便是在這樣的時代背景下誕生的，旨在帶領讀者走入 AI 繪圖的奇幻旅程。

　　首先，我想對決定購買此書的你表達最深的感謝。是你的支持讓我們有可能傳授 AI 繪圖的精髓與魅力。

　　本書是為初學者和有經驗的藝術家設計的，不論你是想深入了解 AI 繪圖的核心技術，或是尋找提高繪畫技巧的新方法，都可以在這本書中找到答案。在這趟「生成式 AI 繪圖」的旅途中，我們將帶領你從基礎入門到掌握進階技巧，讓你能夠與 AI 合作打造出獨一無二的藝術品。

　　透過本書，你將學到：

- 生成式 AI 繪圖的基本原理和概念
- Midjourney 常見問題集、祕技與經驗分享
- 熟悉 Midjourney AI 繪圖常用指令與參數
- 探索和應用 AI 影像優化工具
- 不同類型提示詞的應用實例
- 各種藝術風格的應用範例
- 食衣住行育樂 AI 繪圖應用範例
- 世界知名藝術大師應用範例
- 商用領域 AI 繪圖應用範例

　　我們希望本書不僅僅是一本教學手冊，更是一本能夠激發你的創意和想像力的引導書。在 AI 的協助下，你將有機會打破傳統藝術的框架，開創屬於你自己的藝術風格和語言。

　　無論是 AI 還是人類，我們在這個藝術的旅途上都是學習者，亦是探索者。我們邀請你加入我們，一同開拓這個充滿無限可能的新領域。

　　在結束自序之前，我想提醒讀者，儘管 AI 繪圖有其獨特的魅力和便利，但它不能取代人類的創意和感受。在利用 AI 技術創作時，我們應保持警覺和批判性思考，確保我們的藝術創作不失其真誠和人性。

CHAPTER **01** 高 CP 值的生成式 AI 繪圖藝術

CHAPTER **02** 初探 **Midjourney**

CHAPTER **03** 常用指令

CHAPTER **04** Midjourney 常用參數

CHAPTER **05** 優化 Midjourney 生成的 AI 影像

CHAPTER **06** Midjourney 不為人知的祕技與經驗分享

CHAPTER **07** 結合 **ChatGPT** 與 **Midjourney** 實作動畫故事

CHAPTER **08** Midjourney AI 繪圖不同類型提示詞的應用實例

CHAPTER **09** 常見的藝術風格的應用範例

CHAPTER **10** 世界知名的藝術大師應用範例

CHAPTER **11** **Midjourney 在食衣住行育樂的繪圖範例**

CHAPTER **12** AI 繪圖商業應用範例

01

高 CP 值的生成式
AI 繪圖藝術

在這個資訊化的時代，就連藝術也無法避免與科技的深度融合。想像一下，當梵谷創作其著名的《星夜》時，他是否能想像有一天人們可以透過電腦來創作具有相同質感的藝術作品？或者是達文西在畫下《蒙娜麗莎》時，是否能預見到這幅畫能夠成為 3D 列印或 AI 重建的對象？而今天，這已不再是夢想。透過 AI 繪圖技術，我們可以打破時間和空間的限制，開創出一個前所未有的藝術新世界。本書將帶你進入這個新世界的大門，引領你探索這未知但令人期待的領域。

1-1　ChatGPT 的基礎

OpenAI 推出免費試用的 ChatGPT 聊天機器人，最近在網路上爆紅，它不僅僅是個聊天機器人，還可以幫忙回答各種問題，例如寫程式、寫文章、寫信等。而且所回答的內容有模有樣，不容易分辨出是由機器人所回答的內容。另外在登入 ChatGPT 網站註冊的過程中雖然是全英文介面，但是註冊過後在與 ChatGPT 聊天機器人互動發問問題時，可以直接使用中文的方式來輸入。回答的內容，專業性不失水準，甚至是不亞於人類的回答內容。更重要的是，同樣的問題，反覆詢問或啟用另外一個機器人來回答，還會以不同的角度，給使用者不同面向的回答。

1-1-1　認識 ChatGPT 聊天機器人

ChatGPT 是什麼？簡單來講，它就是一種 OpenAI 推出的 AI 聊天機器人。如果你希望了解更專業的解說，也可以直接在 ChatGPT 中詢問聊天機器人「ChatGPT 是什麼」，得到的回答結果為：「ChatGPT 是一個由 OpenAI 開發的大型語言模型，它使用深度學習技術來生成自然語言回應。ChatGPT 基於開放式網路的大量資料進行訓練，使其能夠產生高度精確、自然流暢的對話回應，與人進行交談。ChatGPT 在多個領域中都有應用，例如智慧客服、自然語言處理、自動回覆等。」

也就是說 ChatGPT 能和人類以一般人的對話方式與使用者互動，除了可以給予各種問題的建議，也可以幫忙寫作業或程式碼，甚至有任何食衣住行育樂的各種生活問題或學科，都可以詢問 ChatGPT，而 ChatGPT 也會以類似人類會寫出來的文字，給予相當到位的回答，用途非常廣泛多元。

例如筆者詢問 ChatGPT，「我想生成一個古典美女，像仙女一樣飄逸著裙帶和髮絲，手捧著一籃鮮花，要如何寫 prompt」，而 ChatGPT 的回答內容如下：

又如，詢問 ChatGPT，「請用 C++ 寫九九乘法表的程式」，它也可以快速為我解答程式的撰寫，還會在該程式碼下方解釋這支程式的設計邏輯。

也就是説，ChatGPT 是一種 AI 大型語言模型，它會以對話的方式，來訓練來幫助理解自然語言。因此它能應用於解決各種語言相關的問題，例如聊天機器人、自然語言理解或內容產生等。ChatGPT 還具備一項特點，就是透過在不同的語言資料上進行訓練，以幫助使用者在多種語言的使用。

從技術的角度來看，ChatGPT 是「文本生成」的 AI 家族中，「生成式預訓練轉換器」（Generative Pre-Trained Transformer）技術的最新發展。它的技術原理是採用深度學習（deep learning），根據從網路上獲取的大量文字樣本進行機器人工智慧的訓練。當你不斷以問答的方式和 ChatGPT 進行互動對話，聊天機器人就會根據你的問題進行相對應的回答，並提升這個 AI 的邏輯與智慧。簡單來説，它是一種基於 GPT-3.5 模型的語言模型，可以用來生成自然語言文本。

TIPS：OPENAI 是何方神聖

ChatGPT 是由位於美國舊金山的 OpenAI 開發，特斯拉創辦人伊隆・馬斯克（Elon Musk）也是 OpenAI 創辦人之一，而這個人工智慧實驗室成立最開發的理念，是以發展友善的人工智慧技術來幫助人類。

根據維基的説法，在 2023 年 1 月，ChatGPT 的使用者數超過 1 億，也是該段時間成長最多使用者的消費者應用程式。目前 ChatGPT 的服務中，就屬英語的效果最好，但即使 ChatGPT 這項服務是英文介面，ChatGPT 還是可以使用其他語言（例如中文）來輸入問題，而 ChatGPT 就會以該語言來進行回覆。

1-1-2 註冊免費的 ChatGPT 帳號

首先來示範如何註冊免費的 ChatGPT 帳號，請先登入 ChatGPT 官網，它的網址是 https://chatgpt.com/，登入官網後，還沒有帳號的使用者，可以直接點選畫面中的「註冊」按鈕，註冊一個免費的 ChatGPT 帳號：

你也可以使用 Google、Microsoft 或 Apple 帳號來進行，直接在視窗中點選想要使用的個人帳號即可。輸入個人帳密資料，經過手機確認，就可以進入 ChatGPT 畫面。

由此申請新帳號

有 Google、Microsoft 或 Apple 帳號者，可由此選用個人常用的帳號

當各位註冊免費的 ChatGPT 帳號，就可以正式啟用 ChatGPT，登入 ChatGPT 之後，會看到如下圖畫面，在畫面中可以找到許多和 ChatGPT 進行對話的真實例子，也可以了解使用 ChatGPT 有哪些限制。

由此輸入提示（**Prompt**）詞

1-1-3　第一次與 AI 機器人對話就上手

當我們登入 ChatGPT 之後，開始畫面會告訴你 ChatGPT 的使用方式，各位只要直接於畫面下方的對話框，輸入要問的問題，就可以和 AI 機器人輕鬆對話。由於 ChatGP 的設計目的是要理解和生成自然語言，因此輸入的問題儘量使用簡單、清晰、明確的問題，以自然的、流暢的語言與 ChatGPT 對話即可。例如：輸入如下的提示（Prompt）詞：

提示（**Prompt**）詞

我想請你扮演 Midjourney 繪圖提示生成器，在畫面中有一個很大的山谷，山谷中有城堡，裡面有各式各樣不同造型的建築物，請給我一些想法。

按下「Enter」鍵正式向 ChatGPT 機器人詢問，就可以得到如下不同風格的回覆：

按此鈕可以複製文字內容

按下「複製程式碼」鈕可複製該文字，如果貼到 Google 翻譯，可以知道它所寫的文字內容，如果貼到 Midjourney 中，即可幫你生成圖片。

提示（Prompt）詞

一個東方女孩，短髮，可愛，頭上頂著一朵白色的大蓮花，請將它翻譯成英文。

一個東方女孩，短髮，可愛，頭上頂著一朵白色的大蓮花，請將它翻譯成英文。

Sure, here is the translation:

An Eastern girl with short hair, cute, with a large white lotus flower on her head.

If you have any more details you'd like to add or adjust, feel free to let me know!

在許多的 AI 繪圖工具，例如：Midjourney、Playground AI、Leonardo AI、Blue Willow 等，都需要以英文的 prompt 才能生成圖片。你可以善用「ChatGPT」或是「Google 翻譯」來幫你將文句翻譯成英文，或是請它幫你生成 prompt 的描述詞。將 ChatGPT 所生成的英文詞句，「複製」後直接「貼上」到 Midjourney、Blue Willow 等相關的 AI 繪圖工具，就可以快速生成圖像，所以就算自己的英文不好也沒關係，靠 ChatGPT 翻譯就可以搞定。

1-1-4　更換新的機器人

你可以藉由這種「問」與「答」的方式，持續去和 ChatGPT 對話。如果你沒有得到理想的答案，想要結束這個機器人，改選其它新的機器人，可以點選左側的「New Chat」，它就會重新回到起始畫面，並改用另外一個新的訓練模型，這個時候輸入同一個題目，得到的結果可能也會不一樣。

按此鈕改用其他機器人

1-1-5　刪除不必要的聊天內容

當你經常和 ChatGPT 交談，左側的清單會不斷的增加，對於不需要聊天內容，可以點選後選擇將它刪除。

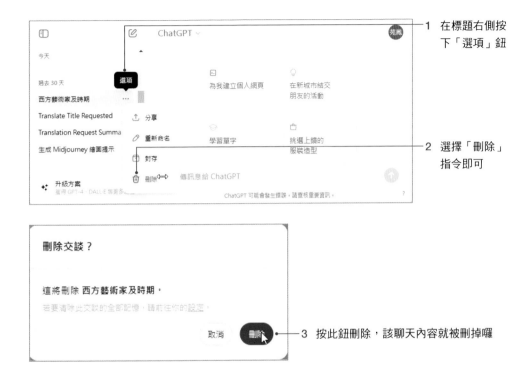

1 在標題右側按下「選項」鈕

2 選擇「刪除」指令即可

3 按此鈕刪除，該聊天內容就被刪掉囉

1-1-6 登出 ChatGPT

各位如果要登出 ChatGPT，只要由右上方按下大頭貼鈕，再由清單中選擇「登出」鈕即可。

1 按下帳戶大頭貼按鈕

2 點選「登出」指令

登出後就會看到如下的畫面，只要各位再按下「登入」鈕，就可以再次登入 ChatGPT。

1-2　簡介生成式 AI 繪圖

　　這一節首先介紹生成式 AI 繪圖的基本概念和原理。生成式 AI 繪圖是指利用深度學習和生成對抗網路（Generative Adversarial Networks，簡稱 GAN）等技術，使機器能夠生成逼真、創造性的圖像和繪畫。深度學習可以看成是具有更多層次的機器學習演算法，深度學習之蓬勃發展的原因之一，無疑就是持續累積的大數據。而生成對抗網路是一種深度學習模型，用來生成逼真的假資料。

　　GAN 由兩個主要組件組成：產生器（Generator）和判別器（Discriminator）。產生器的目標是生成具有類似統計特徵的資料，例如圖片、音訊、文字等。產生器的輸出會被傳遞給判別器進行評估。判別器接收由產生器生成的資料和真實資料的樣本，並試圖預測輸入資料是來自產生器還是真實資料。

　　GAN 的核心概念是產生器和判別器之間的對抗訓練過程。產生器試圖欺騙判別器，生成逼真的資料以獲得高分，而判別器試圖區分產生器生成的資料和真實資料，並給出正確的標籤。這種競爭關係迫使產生器不斷改進生成的資料，使其越來越接近真實資料的分佈，同時判別器也隨之提高其能力以更好地辨別真實和生成的資料。

　　透過反覆迭代訓練產生器和判別器，GAN 可以生成具有高度逼真性的資料。這使得 GAN 在許多領域中都有廣泛的應用，包括圖片生成、影片合成、音訊生成、文字生成等。

生成式 AI 繪圖是指利用生成式人工智慧（AI）技術來自動生成或輔助生成圖像或繪畫作品。生成式 AI 繪圖可以應用於多個領域，例如：

- **圖像生成**：生成式 AI 繪圖可用於生成逼真的圖像，如人像、風景、動物等。這在遊戲開發、電影特效和虛擬實境等領域廣泛應用。

- **補全和修復**：生成式 AI 繪圖可用於圖像補全和修復，填補圖像中的缺失部分或修復損壞的圖像。這在數位修復、舊照片修復和文化遺產保護等方面具有實際應用價值。

- **藝術創作**：生成式 AI 繪圖可作為藝術家的輔助工具，提供創作靈感或生成藝術作品的基礎。藝術家可以利用這種技術生成圖像草圖、著色建議或創造獨特的視覺效果。

- **概念設計**：生成式 AI 繪圖可用於產品設計、建築設計等領域，幫助設計師快速生成並視覺化各種設計概念和想法。

總而言之，生成式 AI 繪圖透過深度學習模型和生成對抗網路等技術，能夠自動生成逼真的圖像，在許多領域中展現出極大的應用潛力。

1-2-1　實用的 AI 繪圖生圖神器

在本節中，我們將介紹一些著名的 AI 繪圖生成工具和平台，這些工具和平台將生成式 AI 繪圖技術應用於實際的軟體和工具中，讓一般用戶也能輕鬆地創作出美麗的圖像和繪畫作品。這些 AI 繪圖生成工具和平台的多樣性使用者可以根據個人喜好和需求選擇最適合的工具。一些工具可能提供照片轉換成藝術風格的功能，讓用戶能夠將普通照片轉化為令人驚艷的藝術作品。其他工具則可能專注於提供多種繪畫風格和效果，讓用戶能夠以全新的方式表達自己的創意。

以下是一些知名的 AI 繪圖生成工具和平台的例子：

Midjourney

Midjourney 是一個 AI 繪圖平台，使用者無須具備高超的繪畫技巧或電腦技術，僅需輸入幾個關鍵字，便能快速生成精緻的圖像。這款繪圖程式不僅高效，而且能夠提供出色的畫面效果。

網址：https://www.midjourney.com/home

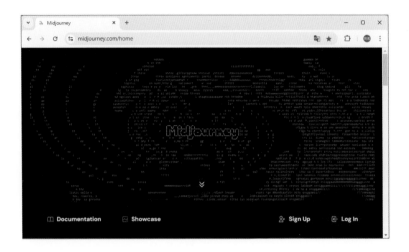

▦ Stable Diffusion 3

Stable Diffusion 是一個於 2022 年推出的深度學習模型，專門用於從文字描述生成詳細圖像。它可以由文字生成影像、影像生成影像、建立插圖或標誌、影片創作等。

網址：https://stability.ai/news/stable-diffusion-3

DALL-E 3

非營利的人工智慧研究組織 OpenAI 在 2021 年初推出了名為 DALL-E 的 AI 製圖模型。DALL-E 這個名字是藝術家薩爾瓦多・達利（Salvador Dali）和機器人瓦力（WALL-E）的合成詞。使用者只需在 DALL-E 這個 AI 製圖模型中輸入文字描述，就能生成對應的圖片。而 OpenAI 後來也陸續推出升級版的 DALL-E 2、DALL-E 3，這個新版本生成的圖像不僅更加逼真，還能夠進行圖片編輯的功能。

網址：https://openai.com/index/dall-e-3/

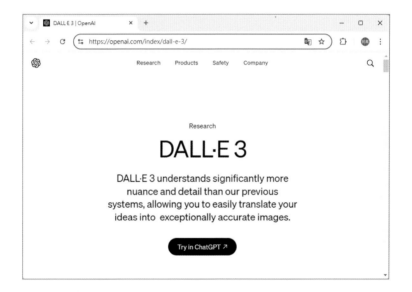

Bing Image Creator

微軟 Bing 針對台灣用戶推出了一款免費的 AI 繪圖工具，名為「Bing Image Creator」（影像建立者）。這個工具是基於 OpenAI 的 DALL-E 3 圖片生成技術開發而成。使用者只需使用他們的微軟帳號登入該網頁，即可免費使用，並且對於一般用戶來說非常容易上手。使用這個工具非常簡單，圖片生成的速度也相當迅速（大約幾十秒內完成）。只需要在提示語欄位輸入圖片描述，即可自動生成相應的圖片內容。

網址：https://www.bing.com/images/create?FORM=GENILP

▦ Playground AI

Playground AI 是一個簡易且免費使用的 AI 繪圖工具。使用者不需要下載或安裝任何軟體，只需使用 Google 帳號登入即可。每天提供 1000 張免費圖片的使用額度，讓你有足夠的測試空間。使用上也相對簡單，提示詞接近自然語言，不需調整複雜參數。首頁提供多個範例供參考，當各位點擊「Remix」可以複製設定重新繪製一張圖片。請注意使用量達到 80% 時會通知，避免超過 1000 張限制，否則隔天將限制使用間隔時間。

網址：https://playgroundai.com/

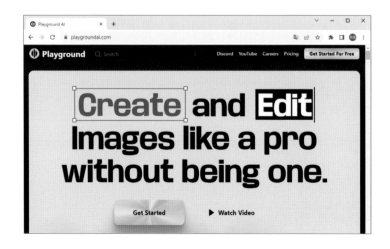

這些知名的 AI 繪圖生成工具和平台提供了多樣化的功能和特色，讓用戶能夠嘗試各種有趣和創意的 AI 繪圖生成。然而，需要注意的是，有些工具可能需要付費或提供高級功能時需付費。在使用這些工具時，請務必遵守相關的使用條款和版權規定，尊重原創作品和智慧財產權。

在使用這些工具時，除了遵守使用條款和版權規定外，也要注意隱私和資料安全。確保你的圖像和個人資訊在使用過程中得到妥善保護。此外，了解這些工具的使用限制和可能存在的浮水印或其他限制，以便做出最佳選擇。

藉由這些 AI 繪圖生成工具和平台，你可以在短時間內創作出令人驚艷的圖像和繪畫作品，即使你不具備專業的藝術技能。請享受這些工具帶來的創作樂趣，並將它們作為展現你創意的一種方式。

1-2-2　生成的圖像版權和智慧財產權

生成的圖像是否侵犯了版權和智慧財產權是生成式 AI 繪圖中一個重要的道德和法律問題。這個問題的答案並不簡單，因為涉及到不同國家的法律和法規，以及具體情境的考量。

生成式 AI 繪圖是透過學習和分析大量的圖像資料來生成新的圖像。這意味著生成的圖像可能包含了原始資料集中的元素和特徵，甚至可能與現有的作品相似。如果這些生成的圖像與已存在的版權作品相似度非常高，可能會引發版權侵犯的問題。

要確定是否存在侵權，需要考慮一些因素，如創意的獨創性和原創性。如果生成的圖像是透過模型根據大量的資料自主生成的，並且具有獨特的特點和創造性，可能被視為一種新的創作，並不侵犯他人的版權。

此外，法律對於版權和知識產權的保護也是因地區而異的。不同國家和地區有不同的版權法律和法規，其對於原創性、著作權期限以及著作權歸屬等方面的規定也不盡相同。因此，在判斷生成的圖像是否侵犯版權時，需要考慮當地的法律條款和案例判例。

生成式 AI 繪圖引發的版權和知識產權問題是一個複雜的議題。確定是否侵犯版權需要綜合考慮生成的圖像的原創性、獨創性以及當地法律的規定。對於任何涉及版權的問題，建議諮詢專業法律意見以確保遵守當地法律和法規。

1-2-3　生成式 AI 繪圖中的欺詐和偽造問題

生成式 AI 繪圖的欺詐和偽造問題需要綜合的解決方法。以下是幾個關鍵的措施：

首先，技術改進是處理這個問題的重點。研究人員和技術專家應該致力於改進生成式模型，以增強模型的辨識能力。這可以透過更強大的對抗樣本訓練、更好的資料正規化和更深入的模型理解等方式實現。這樣的技術改進可以幫助識別生成的圖像，並區分真實和偽造的內容。

其次，資料驗證和來源追蹤是關鍵的措施之一。建立有效的資料驗證機制可以確保生成式 AI 繪圖的資料來源的真實性和可信度。這可以包括對資料進行標記、驗證和驗證來源的技術措施，以確保生成的圖像是基於可靠的資料。

第三，倫理和法律框架在生成式 AI 繪圖中也扮演重要作用。建立明確的倫理準則和法律框架，可以規範使用生成式 AI 繪圖的行為，限制不當使用。這可能涉及監管機構的參與、行業標準的制定和相應的法律法規的制定。這樣的框架可以確保生成式 AI 繪圖的合理和負責任的應用。

第四，大眾的教育和啟蒙也是重要的面向。對於一般使用者而言，了解生成式 AI 繪圖的能力和限制是相當重要的。大眾教育的活動和資源可以提高大眾對這些問題的認知，同時提供指南和建議，協助他們更輕鬆的使用。這包括提供使用者辨識偽造圖像的工具和資源，以及教育使用者如何正確使用生成式 AI 繪圖技術。

此外，合作和多方參與也是解決這個問題的關鍵。政府、學術界、技術公司和社會組織之間的合作是處理生成式 AI 繪圖中的欺詐和偽造問題的關鍵。這些利害相關者可以共同努力，透過知識共享、經驗交流和協作合作來制定最佳實踐和標準。

另外，技術公司和平台提供商可以加強內部審查機制，確保生成式 AI 繪圖技術是否合乎規範以及遵守相關政策。還有政府和監管機構的腳色也十分重要，他們必須在處理生成式 AI 繪圖的欺詐和偽造問題時發揮關鍵作用。他們可以制定相關的法律規章，明確定義生成式 AI 繪圖的使用限制和義務，以確保技術的責任所在及規範。

1-2-4　生成式 AI 繪圖隱私和資料安全

生成式 AI 繪圖引發了一系列與隱私和資料安全相關的議題。以下是針對這些議題的簡介概要：

- **資料隱私**：生成式 AI 繪圖需要大量的資料作為訓練資料，這可能涉及用戶個人或敏感訊息的收集和處理。

- **資料洩露和滲透**：生成式 AI 繪圖系統涉及大量的資料處理和儲存，因此存在資料資料洩露和滲透的風險。這可能導致個人敏感資訊的外洩或用於惡意用途。

- **社交工程和欺詐攻擊**：生成式 AI 繪圖技術的濫用可能導致社交工程和欺詐攻擊的增加。這可能包括使用生成的圖像進行偽裝、身份詐騙或虛假訊息的傳播。防止這些攻擊需要加強用戶教育、增強識別偽造圖像的能力，並建立有效的監測和反制機制。

1-3　第一次使用 Midjourney AI 繪圖就上手

Midjourney 是一款只要輸入簡單的描述文字，就能讓 AI 自動幫你生成獨特而新奇的圖片程式。在 60 秒的時間內，就能快速生成四幅作品。如下所示：

提示詞

Soaring white retro-style palace with endless stairs in front, like the heavenly realm, with auspicious clouds in the sky, emitting purple hues

高聳入雲的白色復古風格宮殿，前面有無盡的階梯，如天堂般的境界，天空中祥雲繚繞，散發著紫色的色調。

想要利用 Midjourney 來嘗試作圖，不管是插畫、寫實、3D 立體、動漫、卡通、標誌或是特殊的藝術風格，它都可以輕鬆幫你設計出來。由於想要使用 Midjourney 來繪圖的人數太多，所以現在都必須訂閱付費才能使用，而付費所產生的圖片可做為商業用途。

1-3-1　申辦 Discord 的帳號

Midjourney 是在 Discord 社群中運作，所以要使用 Midjourney 之前必須先申辦一個 Discord 的帳號，才能在 Discord 社群上下達指令。各位可以先前往 Midjourney AI 繪圖網站，網址為：https://www.midjourney.com/home/ 。

請先按下底端的「Sign Up」鈕，它可以選擇連結到 Discord，請自行申請一個新的帳號，過程中需要輸入個人生日、電子郵件、密碼等相關資訊。驗證了電子郵件之後，就可以使用 Discord 社群。

1-3-2　登入 Midjourney 聊天室頻道

Discord 帳號申請成功後，每次電腦開機時就會自動啟動 Discord。當你加入 Midjourney 後，你會在 Discord 左側看到 鈕，按下該鈕就會切換到 Midjourney。

1 按此鈕切換到 Midjourney

3 由右側欄位可欣賞其他新成員的作品與下達的關鍵文字

2 點選「newcomer rooms」中的任一頻道

對於新成員，Midjourney 提供了「newcomer rooms」，點選其中任一個含有「newbies-#」的頻道，就可以讓新進成員進入新人室中瀏覽其他成員的作品，也可以觀摩他人如何下達指令。

下達的關鍵文字

使用者帳號

產生的 4 張圖片

1-3-3　訂閱 Midjourney

當各位看到各式各樣精采絕倫的畫作，是不是也想實際嘗試看看！那麼就先來訂閱 Midjourney 吧！訂閱 Midjourney 有年訂閱制和月訂閱制兩種。價格如下：

年訂閱制

月訂閱制

每一個方案根據需求的不同，被劃分成 Basic Plan（基本計劃）、Standard Plan（標準計畫）、和 Pro Plan（專業計畫）。一次付整年的費用當然會比較便宜些。如果你是第一次嘗試使用 AI 繪圖，那麼建議採用最基本的月訂閱方案，等你熟悉 Prompt 提示詞的使用技巧，也覺得 AI 繪圖確實對你的工作有所幫助，再考慮升級成其它的計畫。

要訂閱 Midjourney，請依照以下的方式來進行訂閱。

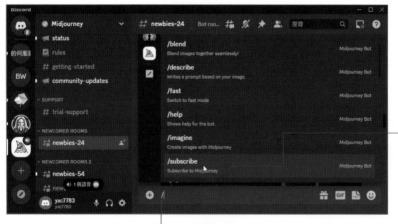

1 輸入「/」，再由顯示的清單中選擇「/subscribe」指令

也可以直接在此輸入「/subscribe」

2 按此鈕管理個
人帳戶

3 按此驗證你是
人類

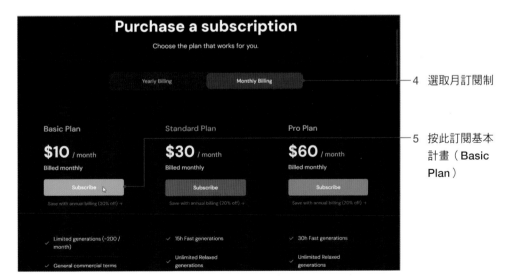

4 選取月訂閱制

5 按此訂閱基本
計畫（Basic
Plan）

6 輸入個人信用
卡的相關資料
後，按下「訂
閱」鈕訂閱軟
體

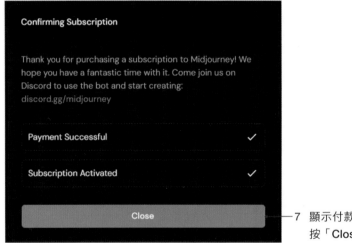

7 顯示付款成功，訂閱完成，
按「Close」鈕離開即可

1-3-4 下達指令詞彙來作畫

完成訂閱的動作後，接下來就可以透過 Prompt 來作畫。下達指令的方式很簡單，只要在底端含有「+」的欄位中輸入「/imagine」，然後輸入英文的詞彙即可。你也可以透過以下方式來下達指令：

提示詞

The glass vase on the table is filled with sunflowers.

（桌上的琉璃花瓶插滿了太陽花）

1 先進入新人室
的頻道

2 按「+」鈕，
並下拉選擇
「使用應用程
式」

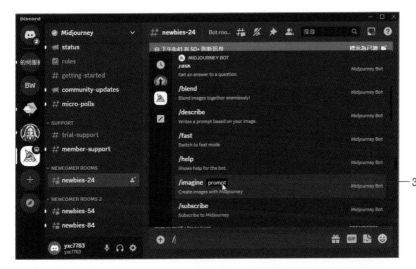

3 再點選此項

4 在 Prompt 後
方輸入你想要
表達的英文
字句，按下
「Enter」鍵

上方會顯示你所下達的指令和你的帳號

5　約莫幾秒鐘，就會在上方顯示的的作品

不滿意可按此鈕重新整理

　　由於玩 Midjourney 的成員眾多，洗版的速度非常快，你若沒有看到自己的畫作，就往前後找找就可以看到。對於 Midjourney 所產生的四張畫作，如果你覺得畫面太小看不清楚，可以在畫作上按一下，它會彈出視窗讓你檢視，如下所示。

按一下「Esc」鍵可回到 Midjourney 畫面

按此連結，還可在瀏覽器上觀看更清楚的四張畫作

在瀏覽器開啟的四張生成圖後，還可以再按下滑鼠左鍵放大到最大的尺寸來瀏覽細節，也可以按右鍵執行「另存圖片」指令，它會把四張畫作存成 2048 x 2048 的 PNG 圖檔，如下圖所示。

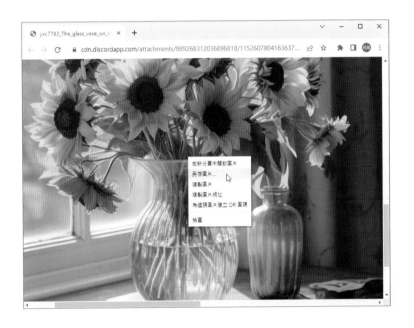

1-3-5　英文指令找翻譯軟體幫忙

對於如何在 Midjourney 下達指令詞彙有所了解後，再來說說它的使用技巧吧！首先是輸入的 prompt，輸入的指令詞彙可以是長文的描述，也可以透過逗點來連接詞彙。

在觀看他人的作品時，對於喜歡的畫風，你可以參閱他的描述文字，然後應用到你的指令詞彙之中。如果你覺得自己英文不好也沒有關係，可以透過 Google 翻譯或 DeepL 翻譯器之類的翻譯軟體，把你要描述的中文詞句翻譯成英文，再貼入 Midjourney 的指令區即可。同樣地，看不懂他人下達的指令詞彙，也可以將其複製後，以翻譯軟體幫你翻譯成中文。

1-3-6　重新整理畫作

　　各位在下達指令詞彙後，萬一呈現出來的四個畫作與你期望的落差很大，一種方式是修改你所下達的英文詞彙，另外也可以在畫作下方按下 ⟳ 重新整理鈕，Midjourney 就會重新產生新的 4 個畫作出來。

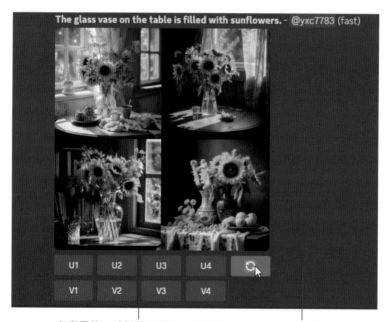

　　　保留風格，針對圖片進行延伸變化　　　　　　重新整理畫作

另外，如果你想以某一張畫作來進行延伸的變化，可以點選 V1 到 V4 的按鈕，其中 V1 代表左上、V2 是右上、V3 左下、V4 右下。

1-3-7　取得高畫質影像

當產生的畫作有符合你的需求，你可以考慮將它保留下來。在畫作的下方可以看到 U1 到 U4 等 4 個按鈕。其中的數字是對應四張畫作，分別是 U1 左上、U2 右上、U3 左下、U4 右下。如果你喜歡左下方的圖，可按下 U3 鈕，它就會產生較高畫質的圖給你，如下圖所示。產生高畫質的圖之後，按右鍵於畫作上，執行「儲存圖片」指令，就能將圖片儲存到你指定的位置。

按右鍵執行「儲存圖片」指令，可儲存為
PNG 格式，尺寸為 1024 x 1024

在畫作下方還有如下幾個按鈕，在此先簡要說明。

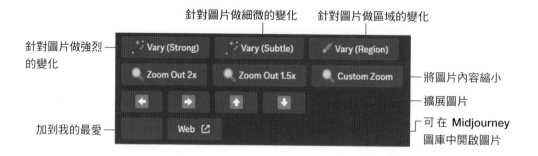

1-3-8 圖片縮小 Zoom out

Zoom out 是指在不改變原始生成圖的情況下，放大畫布的比例，使原圖片縮小比例。通常在我們按下 U1 到 U4 鈕取得高畫質影像時，就可以在畫面下方看到如下的三個按鈕。

如左下的原圖為例，選擇「Zoom Out 2x」按鈕，所產生的圖片就可以看到周圍環境的景觀了。

原圖

Zoom Out 2x 的結果

如果你選擇「Custom Zoom」鈕，機器人會顯示如下的「Zoom Out」對話框，在此對話框中，除了可以修改畫面的寬高比值以及縮小的比例外，還可以加入你想要的新加入的內容。

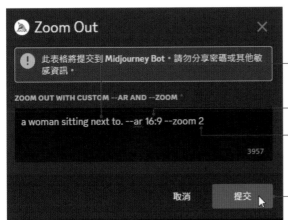

1 修改提示詞為「a woman sitting next to」（一個女人坐在旁邊）

2 變更寬高比為「16:9」

3 設定縮小 2 倍

4 按下「提交」鈕

5 生成的縮小圖片，就會看到有女孩坐在桌子的旁邊囉！

1-3-9　圖片擴展 Pan

當各位在生成圖片的下方按下 U1 到 U4 鈕取得高畫質影像後，下方會看到此四個按鈕，利用這四個按鈕可以往左、往右、往上、往下擴展畫面。如圖示：

使用技巧很簡單，以下圖為例，我們選擇往左做無縫的擴展，它會彈出視窗，你可以修改或不修改提示詞，在此我們修改提示詞為「Dressing table」（梳妝台），按下「提交」鈕，就會將這女孩銜接至梳妝台的一角。

1 點選此鈕往左擴展

2 輸入想要延伸的畫面內容，在此輸入「Dressing table」（梳妝台）

3 按下「提交」鈕

4　無縫延伸至化妝台

1-3-10　快速尋找自己的訊息

由於目前使用 Midjourney 來生成畫作的人很多，所以當各位下達指令時，常常因為他人的洗版，讓你頻道中找尋自己的畫作也要找上老半天。事實上你可以從右上角的「收件匣」![icon]裡面尋找自己的訊息，不過它只會保留 7 天內的訊息。

1　按「收件匣」鈕，使開啟收件匣

2 切換到「提及」

4 按下「跳到」鈕，就會在該頻道中跳出該畫面囉！

3 由此處看到自己下達指令後，所呈現的畫面

1-3-11　新增 Midjourney 至個人伺服器

除了透過收件匣找尋你的畫作外，也可以考慮將 Midjourney 新增到個人伺服器中，如此一來就能建立一個你與 Midjourney 專屬的頻道。

▦ 新增個人伺服器

首先你要擁有自己的伺服器。請在 Discord 左側按下「+」鈕來新增個人的伺服器，接著你會看到「建立伺服器」的畫面，按下「建立自己的」的選項，再輸入個人伺服器的名稱，如此一來個人專屬的伺服器就可建立完成。

將 Midjourney 加入個人伺服器

有了自己專屬的伺服器後,接下來準備將 Midjourney 加入到個人伺服器之中。

1 切換到個人伺服器

2 按此新增你的第一個應用程式

3 輸入
Midjourney，
按下「Enter」
鍵進行搜尋

4 找到並點選
Midjourney
Bot，接著選
擇「新增至伺
服器」鈕

接下來還會看到如下兩個畫面，告知你 Midjourney 將存取你的 Discord 帳號，按
下「繼續」鈕，保留所有選項預設值後再按下「授權」鈕。

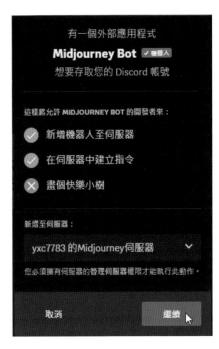

接下來確認「我是人類」後,就可以看到綠色勾勾,按下按鈕即可前往你個人的伺服器了。

完成如上的設定後,依照前面介紹的方式使用 Midjourney,就不用再怕被洗版了!

1-3-12 參考官方文件

想要對 Midjourney 有全盤的了解，最好是先參考官方提供的文件，各位可以在 Midjourney 首頁左下方按下「Documentation」鈕，就可以看到快速入門指南、入門指南、使用 Discord、使用者指南等相關資訊囉！

1 按「Documentation」鈕

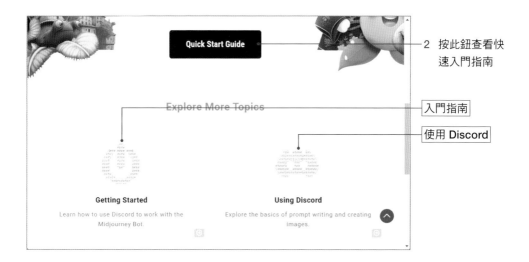

2 按此鈕查看快
速入門指南

入門指南

使用 Discord

雖然是英文文件，你可利用瀏覽器上方的「翻譯這個網頁」 鈕來幫你翻譯文件，這樣讀起來就沒有障礙了！

按此鈕幫你將入
門指南翻譯成中
文

1-4　Midjourney 常見問題集

在使用 Midjourney 的過程中，即便是有經驗的創作者也會碰上一些問題或疑惑。在這一小節，我們為各位準備了一系列常見問題與對應的解答，協助你順利跨越在 Midjourney AI 創作路上的各種挑戰。

1-4-1 可以設定介面的語系嗎？

Midjourney 支援多語言的操作介面，其中就包括了繁體中文。如果各位需要做語系的更換，可以由左下角的「使用者設定」⚙ 鈕，進入「語言」選單做設定。

1 按「使用者設定」鈕

4 按此鈕離開視窗即可

2 切換到「語言」標籤

3 選擇想要使用的語言

1-4-2 會有中文的提示語嗎？

Midjourney 提示語可支援多國語言，所以你使用繁體中文來下達提示詞也是可以通。不過使用英文作為提示語還是會比較好，畢竟機器人長時間訓練的語言還是英文，可能出來的結果會更貼近你要下達的指令。如下所示，相同的提示語，一個使用中文，一個使用英文，出來的結果卻完全不同。

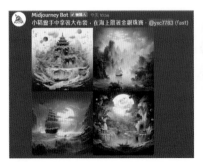

1-4-3　如何取消訂閱並申請退款？

若是各位在訂購 Midjourney 後的特定時間內（例如 30 天）決定取消訂閱，是可以進行退款的。關於退款的更多細節，敬請參照〈我們的服務條款〉。如果你想要取消訂閱，和 1-3-3 訂閱方式的程序相似，在輸入欄框內輸入「/subscribe」，按相同步驟來到訂閱畫面，就可在如下的畫面中，按下「Cancel Plan」鈕來取消訂閱計畫。

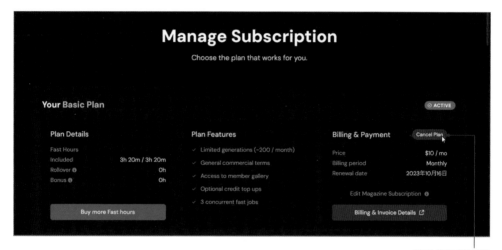

按此鈕取消訂閱

1-4-4　手機可以使用 Midjourney 嗎？

可以。Midjourney 已充分支援各種行動裝置，無論是 iOS 或 Android 系統的手機和平板都可以輕鬆使用。

1-4-5　Midjourney 提供的圖片能否用於商業用途？

Midjourney 所提供的多數圖片都開放至商業用途，然而，必須根據每一張圖片的版權規定來決定是否可以商用。建議讀者在商業使用前確定相關的版權規範。

1-4-6　如何使用 Midjourney 的個人首頁？

每個使用者都可以利用 Midjourney 來打造專屬的個人首頁，不僅可以展現個人的創作，還可以分享個人的資訊。Midjourney 提供了多種模板和自訂的選項，來幫助你建立一個獨特的個人空間。請由 Midjourney 首頁按下「Log In」鈕，選擇帳戶後允許授權，待 Midjourney Bot 存取你的 Discord 帳號後，即可進入個人首頁。

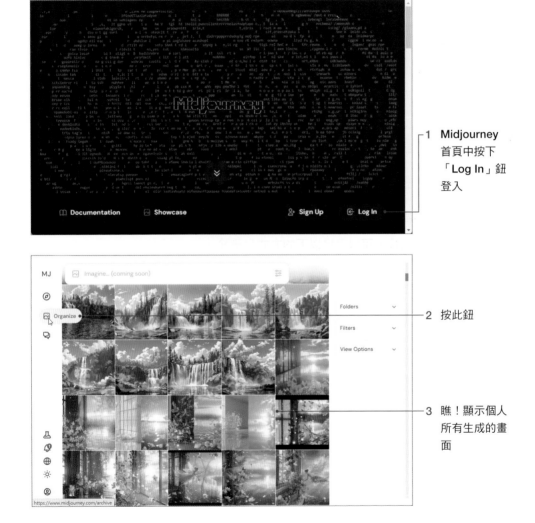

1　Midjourney 首頁中按下「Log In」鈕登入

2　按此鈕

3　瞧！顯示個人所有生成的畫面

在 Discord 社群中，你從 Midjourney 所生成的畫面，都會顯示在這個個人頁面當中。只要點選圖片縮圖，就可以放大查看該張畫作，也可以進行圖片的下載和儲存，或是取得圖片的 Job ID，以便進行更多的變化。

1-4-7 如何刪除已生成的圖片？

Midjourney 的模型技術越來越強，早期生成的圖片可能不是那麼的理想，如果想要刪除已生成的圖片，可以透過以下的方式來刪除。

3　在此輸入「X」

4　選取此鈕，該畫面就被刪除囉！

1-4-8　由個人頁面跳至 Discord 生成的畫面

　　當你在 Midjourney 的個人頁面中，查看自己生成的畫面，如果想要再進一步的生成類似的畫面，或是進行畫面的修改，可以透過以下方法，直接跳到 Discord 中進行處理。

1　按下「選項」鈕，執行「Open in Discord」指令

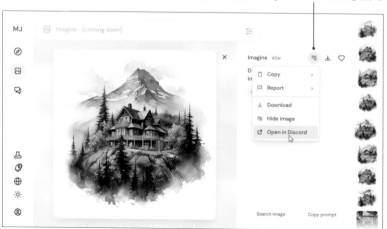

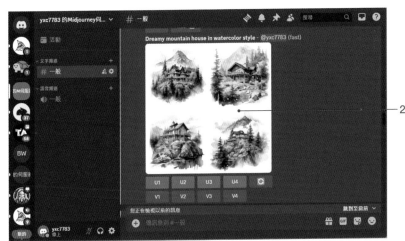

2 顯示 Discord
社群裡原始生成
的畫面

Note

02

初探 Midjourney

在這一章中,筆者將介紹 Midjourney 的基礎概念和操作。我們將深入探討其提示詞文法結構,重要製圖元素,基本與高級提示方式,以及下指令製圖時需要注意的事項。只要逐一了解這些要素,可以幫助各位更熟練地使用 Midjourney 來建立出色的圖像。

2-1　提示詞文法結構「主體+風格+渲染+參數」

在 AI 繪圖的世界裡,提示詞扮演了極為重要的角色,它像是一個導演,指揮著 AI 如何去創作一幅畫作。透過組合「主體」、「風格」、「渲染」和「參數」四大元素,可以創造出千變萬化的繪圖提示詞,合理的配合可以引導出你想要的藝術作品。以下將深入探討這四大元素,並透過實際的例子來說明它們的運作方式。

2-1-1　主體

首先,要確立繪圖的「主體」,也就是畫作的核心主題或者物件。主體可以是具體的事物,也可以是抽象的概念,如「蘋果」、「房子」、「愛情」或「孤獨」等。舉例來說,如果希望建立一幅描述「夢幻」的繪圖,主體可以設定為「山屋」。

提示詞

dreamy mountain house

夢幻的山屋

2-1-2　風格

接著是「風格」部分，這是指畫作的整體風格和氛圍，可以透過指定特定的藝術流派或畫家風格來呈現，例如「印象派」、「立體主義」或是「梵谷式」等。例如可以指定風格為「印象派」，使得繪圖具有印象派特色的輕鬆筆觸和明亮色彩。

提示詞

Impressionist style dreamy
mountain house
印象派風格的夢幻山屋

2-1-3　渲染

再來是「渲染」階段，這一步是確定畫作的具體技法和質感。它可以指示顏料的種類（如油畫或水彩），或是特定的繪畫技法（如粗糙或細膩），甚至畫布的材質等。舉例來說，可以選擇「水彩」來渲染我們的夢幻山屋。

Dreamy mountain house in watercolor style.

水彩畫風的夢幻山屋

2-1-4 參數

　　最後是「參數」部分，這裡涵蓋了一些更具體的要求或者設定，如色彩的配置、空間的布局、光源的設定等，它可以幫助我們更細膩的控制畫作的各個方面。例如設定「暖色系」來帶出夢幻的氛圍，並要求「柔和的光源」來增強畫面的夢幻感。

提示詞

Dreamy mountain house in watercolor style.

水彩畫風的夢幻山屋

總結來說，透過「主體 + 風格 + 渲染 + 參數」這四大元素來建立提示詞，可以將你的想法具體化，並引導 AI 生成符合期望的繪畫。就像例子中的「夢幻山屋」，透過細心設定各項元素，可以建立出印象派風格，或水彩渲染的夢幻繪畫。

2-2 解析 Midjourney 5 項重要製圖元素

在製圖的過程中，有五個元素尤為關鍵。這些元素包括關鍵字、視角組成、燈光、參數和算圖模型。了解這些元素如何影響最終作品是建立出色圖像的關鍵。

2-2-1 關鍵字

在 Midjourney AI 繪圖的建立過程中，關鍵字透露了你的初步想法和概念，就像是打開創作之門的鑰匙。利用準確而具代表性的關鍵字，可以更精確地指引系統來捕捉你心中的想像。

舉例來說，如果你想要一幅描繪秋天景色的畫作，你可以用「秋天」、「落葉」和「黃昏」這些關鍵字來指引系統。這些關鍵字可以幫助系統理解你想要的背景、氛圍及主題。

提示詞

The train travels through a maple forest.

火車穿越楓樹林

然而，選擇關鍵字不只是挑選一些與主題相關的詞彙而已，它也包括對該主題深刻的理解和分析，以便找出能夠真正揭示其特性和氛圍的詞彙。

2-2-2 Composition（圖片視角組成）

圖片的視角組成是構圖的核心，它決定了畫面的布局和視覺效果。良好的視角可以帶來張力十足的畫面，而不好的視角則可能使畫面顯得平淡無奇。

比如說，如果你想要繪製一幅森林中的溪流，可以考慮使用「鳥瞰視角」來呈現溪流蜿蜒流過的全貌，或是用「蛙瞰視角」來突顯溪流中的石頭和流水的細節。

提示詞

Bird's eye view of the Three Gorges of the Yangtze River
鳥瞰長江三峽

在這個階段，你也可以考慮圖片中的「黃金比例」，或是利用「三分法則」來建立更加均衡和諧的畫面。

2-2-3 Lighting（燈光）

燈光是營造氛圍和強調圖像重點區域的強大工具。透過這個部分，你將學會如何運用燈光來增強你的圖像。

燈光不僅能夠營造畫面的氛圍，更能強調圖像的重點區域，它可以說是繪圖中的靈魂，良好的燈光設計可以使畫面更加生動和立體。

你可以嘗試使用「暖光」來營造舒適和溫馨的氛圍，或是使用「冷光」來創造一種冷靜和神秘的感覺。除此之外，你也可以利用「側光」來強調物件的質感和立體感。

提示詞

Floor-to-ceiling windows provide oblique light into the restaurant
落地窗有斜光照入餐廳

2-2-4 Parameter（參數）

參數是你微調作品的工具，它允許你控制各種細節，包括寬高比例、美學風格、模型、圖片變化程度、降低特定的元素等，讓你可以更精確地呈現你心中的畫面。比如說，預設的畫面比例是 1:1，你就可以透過「--ar」參數的設定，來調整你所要的畫面比例。

預設的 1:1 畫面　　　　　　　　　　　　--ar 4:7

這個階段是一個不斷試錯和調整的過程，你可以透過不斷的微調參數來逐步接近你心中的理想畫面。

2-2-5　Model（算圖模型）

算圖模型是整個製圖過程的基石，它涉及到 AI 如何解讀你提供的各種指令和參數來建立畫面。在這個階段，你需要對不同的算圖模型有一定的了解，以便你可以選擇最適合你的需求的模型。

你可以嘗試使用不同的模型來看看它們如何影響最終的作品，並根據你的需求來選擇最適合的模型。如下所示是使用相同的提示詞「A girl stands on a pirate ship」（一個少女站在海盜船上），但是分別選用 niji 模型和 Midjourney v 5.2 模型，不同的算圖方式，出來的風格就完全不同。

A girl stands on a pirate ship --niji　　　　　A girl stands on a pirate ship --v 5.2

　　總的來說，透過深入探討 Midjourney 的五項重要製圖元素，就可以更好地理解如何建立出色的圖像。每一個元素都在建立過程中扮演著關鍵的角色，並共同工作來建立出令人驚艷的視覺作品。希望透過這篇指南，可以幫助你更好地掌握製圖的藝術，並建立出你心目中的理想作品。

2-3　基本提示（Basic Prompts）

　　在 AI 繪圖的世界中，基本提示就是你與系統溝通的起點。它可以是一個單詞，一段短語，或是一串表情符號。在本節中，將深入探討這三種提示類型的特點和使用方式，讓你能夠更精確地傳達你的創意思緒，並將它們轉化為精緻的視覺藝術品。

2-3-1　單詞

　　單詞提示是最基本也最直接的提示類型。透過單一或多個單詞，你可以快速地向 AI 表達你的基本想法或主題。

例如，你可以使用「夕陽」這個單詞來指引系統建立一幅以夕陽為主題的畫面。但這樣的提示可能導致結果過於廣泛和多元。要獲得更精確的結果，你可以嘗試組合多個單詞，比如「夕陽＋海灘」，這樣系統會建立一幅夕陽下的海灘景象。

提示詞

sunset+beach

夕陽 + 海灘

這部分的關鍵是找到那些能夠清晰、準確地表達你想法的單詞。盡可能少而精，簡單明快，從最基本的概念開始，然後逐步添加更多的單詞來豐富和細化你的畫面。

2-3-2　短語

相對於單詞提示，短語提示可以提供更多詳細的訊息和背景，使你的畫面更加具有深度和層次感。

舉例來說，如果你想要一幅描述和平靜的夜晚畫面，你可以使用短語「月光下的安靜湖泊」來指示機器人。這樣的提示不僅傳達了景物（湖泊）和時間（夜晚）的

訊息，還包含了情緒（安靜）和光源（月光）的元素，使得整個畫面更具故事性和情緒。

提示詞

Quiet lake under moonlight
月光下的安靜湖泊

你可以透過嘗試不同的短語來找到最能夠表達你的創意意圖的表述方式。一旦你掌握了這種技巧，你將能夠建立出更具描述性和感性的畫面。

2-3-3　表情符號

表情符號提示則是一種更加抽象和直覺的表達方式。它可以用來傳達情緒、概念或某種特定的氛圍，並將這些元素整合到你的圖像中。

例如，你可以使用 😊 來指引系統建立一幅快樂和溫暖的畫面。或是你可以組合多個表情符號，如 🎨🚀😲，來建立一幅描述人們在星空下驚嘆的火箭升空場景。

提示詞

但是，使用表情符號提示也存在一定的挑戰，因為它們通常更抽象和開放式。因此，建議你在使用時保持開放的心態，並預期可能會得到一些出人意料的、具有創意的結果。

一言以蔽之，透過單詞、短語和表情符號的基本提示，你不僅可以引導 AI 建立符合你想法的畫面，還可以開發出無限的創意可能。擁有了這些工具，你就可以自由地探索你的創意空間，並將你的想像力轉化為精美的藝術作品。在這個過程中，記得勇於嘗試各種不同的組合和方法，並享受這段創作之旅。

2-4　高級提示（Advanced Prompts）

進入高級提示的節點，將會進一步探討如何利用更多元的方法來引導系統建立複雜且具深度的圖像作品。這節包含了圖像提示、提示文字及參數三個主要部分，可以幫助你更進一步的去控制與創造作品。

2-4-1 圖像提示

圖像提示可以說是一個直接且強大的工具,讓你可以透過一張已存在的圖片來引導機器人創造新的作品。你可以提供一張具有特定風格或主題的圖像,讓系統能夠以此為基礎進行創作。

舉例來說,筆者提供一張帶有鳳冠的神像照片,並指示 Midjourney Bot 建立一幅融合該華麗裝飾和國畫風格(Traditional Chinese Painting Style)的新作品,就會得到如下的畫面效果。

以圖生圖

你可以提供一張擁有特定畫家風格的畫作,請系統建立一幅符合該風格的原創畫作。你也可以提供多張照片,將多個元素或風格整合到一個作品中,創造出前所未見的畫面,此方法不只增強了畫作的多元性,也開放了更多創新的可能性。

2-4-2 提示文字

提示文字則是讓你可以更細緻描述想要呈現的畫面的工具。你可以透過寫下具體的描述或故事,讓系統理解並建立出符合你心中想像的作品。

例如，你可以描述一個場景：一個神秘的森林，夜晚的月光透過樹葉灑下，遠處有一隻神秘的生物靜靜窺探。機器人將根據你的描述，建立出具有故事感和深度的畫面。

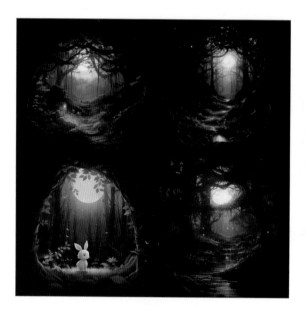

提示詞

In a mysterious forest, the moonlight shines through the leaves at night, and a mysterious creature is quietly spying in the distance.

一個神秘的森林，夜晚的月光透過樹葉灑下，遠處有一隻神秘的生物靜靜窺探。

提示文字不只可以描述場景，也可以用來描述特定的風格或情感，讓作品更具個性和生命力。你可以指示機器人——用法蘭茲・馬克的表現主義風格來描繪一片蓬勃的春天——透過這樣的方式，你可以建立出具有特定畫家風格的作品。

提示詞

Use Franz Marc's Expressionist style to depict a flourishing spring.

用法蘭茲・馬克的表現主義風格來描繪一片蓬勃的春天。

2-4-3 　參數

　　當討論到參數時，意味著你有更多的控制權在手中。高級參數設定讓你可以微調各種設定，例如顏色平衡、對比度或是線條粗細等，來達到你心中理想的效果。

　　例如我想要一幅使用高對比度和冷色調來表現夜晚的孤獨感，以「I wanted a picture that used high contrast and cool colors to express the loneliness of the night.」為提示詞後，機器人將會根據你的提示詞來生成左下的四張畫作。接著選用「Remix mode」模式，選用「V4」鈕並加入「Add snow drift effect」（加入飄雪的效果）的提示詞，提交後就會以 V4 圖為基礎，生成右下的四張飄雪的畫面。

加入 Add snow drift effect 參數

　　參數不只可以用來控制視覺元素，還可以用來控制作品的結構和布局，讓你可以建立出具有特定風格或感覺的作品。也就是說，高級提示開放了一個更寬廣的創作空間，你可以透過多元的方式來引導機器人建立出各式各樣的作品。透過圖像提示、提示文字及參數的深度應用，讓 AI 更準確地捕捉到你的創意，並創造出令人驚艷的藝術品。這不只是一個技術，而是一種藝術創作的革命，讓人與機器共同合作，創造出前所未見的驚奇作品。

2-5　下指令（做圖）注意事項　⌄

建立 AI 繪圖的過程中，如何針對你的想法給出具體、一針見血的指令是非常重要的。在本章節，將會詳細探討使用 Midjourney 時下指令的注意事項，讓你可以輕鬆、順利地把你的想法轉化成具體的圖像。

2-5-1　清晰明確的指令

當你準備下指令時，首要任務便是確保指令清晰且明確，這不止於説明想要呈現的對象，更包含畫面的風格、氛圍和細節。

例如，若你想畫一座山，可以進一步細化為「畫一座秋天的山脈，夕陽把天空染成橙紅色，山上的樹木正在變成金黃色」。這樣的指令可以讓 AI 更容易掌握到你的創意，並且建立出更貼合你期望的畫面。

提示詞

Draw a mountain range in autumn. The setting sun dyes the sky orange and the trees on the mountain are turning golden.
畫一座秋天的山脈，夕陽把天空染成橙紅色，山上的樹木正在變成金黃色

2-5-2　逐步指令

一步到位的方式並非總是最佳途徑，你可以透過逐步提供指令來逐一建構圖像的每一個元素。這種方法可以讓你更為緊密地掌控整個建立過程，並在每個階段進行微調，以確保最終的成品符合你的期望。

例如，先要求「畫一個空白的房間」，等 AI 繪出基本框架後，再指示加入「藍色沙發」，最後加入「華麗水晶燈」。透過這樣的分步指令，你可以有更大的控制空間來避免重大失誤，並朝你心中理想的畫面逐步靠近。

  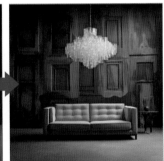

2-5-3　修正與調整

即使在給出清晰指令和分步建立後，仍然有可能出現不符合預期的結果。在這個階段，學會如何進行修正和調整就顯得相當重要。

比如，如果 AI 所建立的圖像顏色未能滿足你的要求，你可以明確指出需要修正的地方，例如上方的畫面，我想將背景部分由藍色變成白色，加入了「white background」的提示詞，就可以顯示如下圖的白色牆面。你也可以提出更全面的修正建議，以確保最終的作品完全符合你的視覺期待。

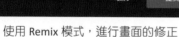

使用 Remix 模式，進行畫面的修正　　　　　　顯示背景修正結果

也就是說，要熟練運用 Midjourney AI 繪圖工具，掌握清晰而具體的指令技巧是關鍵。透過緊抓畫面的細節、分步進行以及即時的修正和調整，你將能夠建立出完全符合你期望的藝術作品。記得，這不只是技術的運用，更是藝術的創造，它需要各位不斷的嘗試、調整和改進，以發掘 AI 繪圖的無限潛力，打造出真正屬於你的作品！

03

常用指令

這一章節將透過 Discord 社群所提供的指令，來與 Midjourney Bot 進行溝通，讓各位可以更靈活運用指令，產生出更符合你想要的畫面效果。

3-1 /info：查看帳號使用資訊

使用「/info」指令可以讓你查詢自己的帳號相關資訊。這份資訊可能會包含你目前的帳號等級、使用的次數、剩餘的配額等等。此功能能夠讓你隨時掌握你的帳號狀態，便於規劃更好的使用情形。

2 出現清單時，選擇此指令，再按下「Enter」鍵

1 先輸入「/」

顯示個人的帳戶資訊

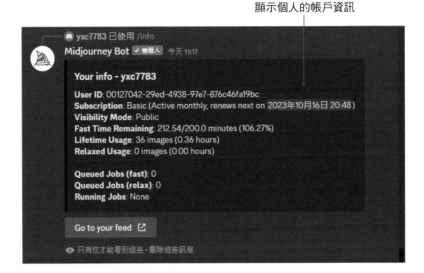

畫面中的「Your info」後方是顯示使用者名稱,「Subscribe」是顯示你所訂閱的方案及到期日。「Visibility Mode」是可見模式,它有「public」公開和「stealth」隱身兩種模式,預設是公開的,除非是訂閱 Pro Plan(專業計畫)以上的用戶,才可設定為隱身。「Fast Time Remaining」是 Fast 模式剩餘的時間,「Lifetime Usage」是你的使用量。另外,「Relaxed Usage」則是在 Relax 模式下所使用的時間。

3-2 /imagine:產生圖像

當你使用「/imagine」指令時,你可以請 Midjourney Bot 根據你所提供的指令或提示來產生一張圖像。這個功能可以幫助你將想像中的場景、對象或是概念轉變成視覺化的圖像。透過這個指令,你可以輕易生成符合你想像的圖像,不論是為了藝術創作還是快速原型設計。

在 1-3-4 節,我們已經有學過利用「/imagine」來下達指令詞彙,第二章也和各位探討了提示詞的文法結構,相信各位只要善用前面所介紹的法則,呈現的畫面就能更接近你的要求。

3-3 /show：使用 job ID 重回生成過的畫作 ⌄

使用「/show」指令可以讓你透過特定的 job ID 來重新返回你過去生成過的畫作。這是一個非常方便的功能，因為它允許你在任何時間回顧和取回你過去的創作，然後進行變化或加上參數，而無須重新從頭開始。要注意的是，此功能僅可以取得自己生成畫作的 Job ID，而無法顯示他人生成的畫作 ID。

要使用「/show」指令前，我們必須由 Midjourney 首頁登入至個人首頁，才能取得先前畫作的 job ID。因此請由 Midjourney 首頁按下「Sign In」鈕，授權後進入個人的首頁。

1 輸入 Midjourney 網址「https://www.midjourney.com/home」

2 按此鈕登入

3 按此鈕切換到你的組織

4 點選縮圖，使進入該生成圖

5 按「選項」鈕

6 下拉選擇「Copy
／ Job ID」 指
令，使取得該畫
作的 ID

7 回到 Discord 社
群的個人伺服器

8 由此輸入「/show」
，並貼入剛剛的
job ID，再按下
「Enter」鍵

9 瞧！成功取得
原先的畫作了

10 由此處的按鈕
即可進行該畫
作的變化

3-4 /describe：辨識上傳圖片可能的描述詞

當你使用「/describe」指令時，你可以上傳一張圖片讓 Midjourney Bot 幫你分析，並提供可能的描述詞來表達該圖片的內容。這個功能不只可以協助你更了解圖片的細節，也可以當作一個很好的創作輔助工具，讓你可以根據系統提供的描述詞來啟發更多的創作點子。

下面我們以其他 AI 繪圖所完成的女孩做為示範，讓 Midjourney 幫我們列出可能的描述詞。

2 從上方選取「/describe」指令，按下「Enter」鍵

1 輸入「/」

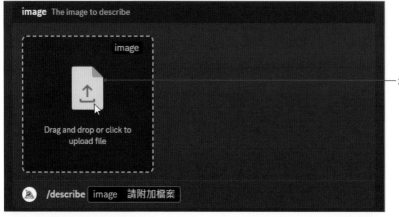

3 按下此鈕，找到圖片後按下「開啟」鈕

4 確認圖片後，
在檔名後方按
下「Enter」
鍵

5 瞧！列出四種提示
詞及對應的按鈕

按「Imagine all」鈕將顯示
4×4，共 16 張圖出來

　　Midjourney 提供四組的提示詞和對應的按鈕，你可以將提示詞貼到 Google 翻譯幫你翻譯成中文，以便了解它的意思，再選擇最適切的提示詞來生成圖片。或是將

生成的提示詞加以編修，並加入其他參數。另外，按下「Imagine all」鈕，它會將 1-4 組的提示詞都生成畫面。如下所示：

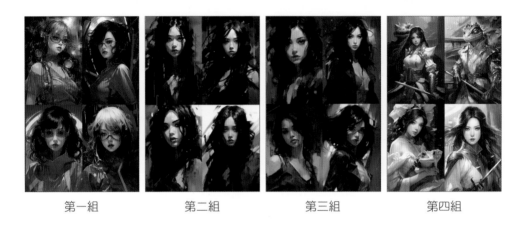

| 第一組 | 第二組 | 第三組 | 第四組 |

3-5　/blend：混合兩種圖片

透過「/blend」指令，你可以將兩張圖片融合成一張新的圖片，這不僅可以創造出新的視覺效果，也可以帶來意想不到的創作靈感。這個指令允許你將兩個不同的元素合成一體，從而開創出全新的視覺藝術作品。這個功能可為創作者打開了一個新的可能性，使他們能夠更自由地探索和創作新的作品。

在此我們以上面的兩張圖為例，看看機器人如何幫我們融合兩張圖。

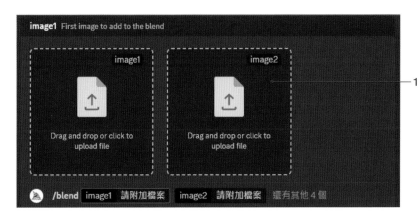

1 輸入「/blend」指令後，將出現如圖的兩個影像區塊

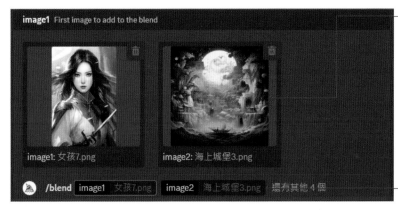

2 依序將圖片拖曳到影像區塊中，使顯現要融合的圖片，再按下「Enter」鍵

如要融合三張以上的圖片，可按此再加入

顯示融合的四張效果

3-6　/shorten：縮短提示詞

使用「/shorten」指令可以將你的提示詞縮短，使它更為簡潔，這項功能幫助你迅速獲得核心訊息，而不需透過長篇的文本。簡而言之，它可以讓你更有效率地獲得你想要的答案或訊息。

提示詞

Describes a multi-level, spectacular, high mountain and canyon, surrounded by winding streams and rivers at the foot of the mountain, with a magnificent castle built at the top of the mountain, complete with towers, ramparts, and a fairytale-like mystical atmosphere surrounded by clouds and smoke.

描述一個多層次的、壯觀的高山和峽谷，山腳下有彎彎曲曲的溪河圍繞，山頂處有建造一座宏偉的城堡，城堡裡有高塔、城牆，如仙境般雲煙繚繞，看起帶有神秘感。

以上面的提示詞為例，我們利用「/shorten」指令來進行簡化，將會得到如下五個較短的 prompt。

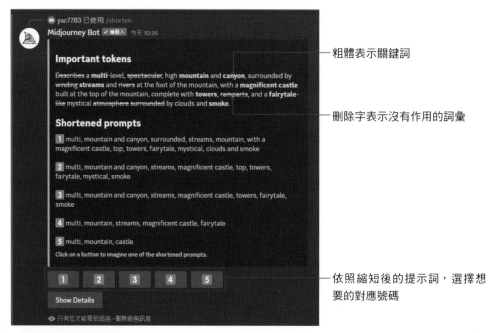

粗體表示關鍵詞

刪除字表示沒有作用的詞彙

依照縮短後的提示詞，選擇想要的對應號碼

　　從機器人簡化後的提示詞中，選取一個你想要使用的一組提示詞。例如，筆者選取「1」，按下按鈕將顯示如下的警告畫面，按下「提交」鈕，就會為你繪出你要的效果。

—1　按下「提交」鈕

—2　依據簡化後的提示詞，所生成的圖片

3-7 /settings：調整內建設定

透過「/settings」指令，使用者可以快速進入 Midjourney 的設定頁面，來調整各種內建的設定選項。你可以根據自己的需求和喜好來配置 Midjourney 的操作環境，讓你可以更個人化你的 Midjourney 使用經驗，並且更便利地使用各項服務。

當你在欄框內輸入「/settings」指令，並按下「Enter」鍵後，將會看到如下的畫面。

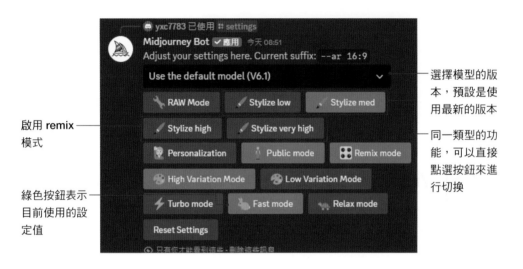

在模型版本方面，預設值是使用最新的 Midjourney V6.1，另外有 V6.0、V5.2、V5.1……，以及 Niji Model V5，而 Niji Model V5 模型適用在動漫圖片的生成。

原則上同一類型的功能，可以直接點選按鈕來進行切換，例如「Stylize」是用來設定藝術風格在生成圖片時的強度，較低的是「Stylize low」，中型的是「Stylize med」，另有「Stylize high」和「Stylize very high」兩種較高的程度可供使用者切換。而變化的強度也有「High Variation Mode」和「Low Variation Mode」兩種模式可以切換。

Basic Plan（基本計劃）的使用者只能使用「Fast mode」快速模式，除非升級才能選用「Relax mode」放鬆模式或「Turbo mode」極速模式。同樣地，「Public mode」是公開模式，唯有訂閱 Pro Plan（專業計畫）以上的用戶，才可設定為私人的「stealth」模式。這些設定值如果要恢復到預設值，可按下「Reset Settings」鈕。

這些設定項目除了利用「/settings」指令全覽所有設定值外，你也可以在指令區欄位中輸入「/」後，從清單中直接選取指令。例如：執行「/prefer Variability」指令，會關閉原有的「High Variation Mode」功能，而變成「Low Variation Mode」模式。反之亦然。

選取「/prefer Variability」指令，會關閉「High Variation Mode」功能，而變成「Low Variation Mode」模式

3-8 /remix：切換 Remix 模式

當你使用「/remix」指令時，你會切換到 Midjourney Bot 的「Remix 模式」。在這個模式下，Bot 將助你進行更有創意和自由形式的對話或創作。它可以帶來更多新穎、略帶實驗性的回答和建議，讓你的對話或創作過程充滿驚喜和新鮮感。

要切換到 Remix 模式有兩種方式，一個是在剛剛的「/settings」畫面中按下 🟦 Remix mode 鈕即可切換，另一個是直接輸入「/remix」指令來進行切換，方式如下：

2 點選「/prefer remix」指令後，按下「Enter」鍵確定

1 輸入「/remix」指令

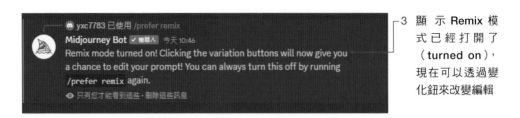

3 顯示 Remix 模式已經打開了（turned on），現在可以透過變化鈕來改變編輯

Remix 模式啟動後，你可以在圖像的各種變體 V1、V2、V3、V4 中編輯你的提示詞，而且當你使用 Remix 模式時，該按鈕會變成綠色。使用技巧如下：

1 生成圖片後，選擇對應圖的按鈕，在此筆者選擇「V4」

2 出現 Remix Prompt 對話框，修改你的 Prompt，此處去掉比例 (--ar) 的設定，改為「--niji」的參數

3 按下「提交」鈕

4 以該人物為基準，生成了具有動漫效果的人物

　　在這個模式下，Bot 會提供更具創意和實驗性的回答，這可以讓對話或創作過程變得更加有趣和獨特。無論是在探索新的想法，還是在嘗試不同的創作方式，這個模式都可以提供很多幫助和靈感。如果你想要關閉該功能，再次執行「/remix」指令即可。

3-9 /prefer option set：更改自定義選項

「/prefer option set」是一個用來調整 Midjourney 平台上各種自訂選項的指令。透過這個指令，你可以輕易更改和設定你的個人偏好，讓平台的使用更加符合你的需求和喜好。它允許你在多個選項中進行選擇和調整，來優化你的使用經驗。

例如 Midjourney 預設的尺寸皆為 1:1 的正方形，採用最新的模型來進行算圖，然而你工作時經常使用的版面是 16:9，且喜歡動漫風格的人物和場景。如果不想在每次輸入提示詞時，都要在後方加入「--ar 16:9 --niji」的參數，那麼就利用「/prefer option set」指令來自訂你常用的參數吧！

— 1 輸入「/」之後，由清單中選取「/prefer option set」指令，按下「Enter」鍵

— 3 出現「value」後，點選「value」

— 2 輸入選項的名稱「mine」，然後在其右邊界按一下

— 4 在「value」中輸入你常用的參數，按下「Enter」鍵

— 5 顯示你自訂的選項為「--ar 16:9 --niji」

設定完成後，當你輸入提示詞後，只要後方加入「--mine」的參數，它就會自動轉換成「--ar 16:9 --niji」的參數。如下所示：

1 輸入如圖的參數，按下「Enter」鍵

2 生成的畫面上方自動顯示為「--ar 16:9 --niji」，生成的圖也自動使用 niji 算圖和 16:9 的尺寸比例

3-10　/prefer option list：查看當前的自定義選項

這個指令可以幫助你查看當前所有的自定義選項設定情況。你可以快速了解目前的設定情況，這不僅可以幫助你更好地調整自己的使用環境，也讓你能夠隨時掌握自己的偏好設定狀態。

1 選此指令，按下「Enter」鍵

2 顯示你自訂的選項內容

3-11 /prefer suffix：指定固定的 prompt 後綴

這個指令允許你指定一個固定的提示詞（prompt）後綴，每當你發出一個指令或者進行一次對話時，系統會自動在你的提示詞後面添加這個後綴，來協助提供更加準確或個性化的回答。它可以幫助你省去重複輸入相同後綴的麻煩，並讓對話流程更加順暢。

1 輸入「/」之後，由清單中選取「/prefer suffix」指令，按下「Enter」鍵

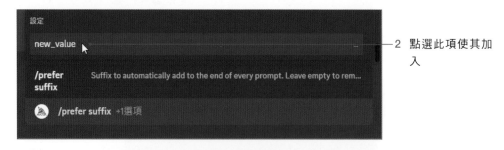

2 點選此項使其加入

3 輸入你每次都要使用的參數，這裡以 **16:9** 的寬高為例

4 瞧！顯示你的後綴詞設定

完成如上設定後，以後輸入的提示詞後直接按下「Enter」鍵，它就會自動幫你加入「-- ar 16:9」的參數囉！

自動加入「-- ar 16:9」的參數

已設定了後綴，但是想要刪除，只要重新選取「/prefer suffix」指令後，直接按下「Enter」鍵，就可以刪除喔！

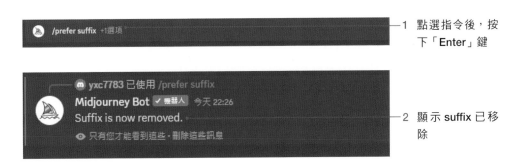

1 點選指令後，按下「Enter」鍵

2 顯示 suffix 已移除

3-12　/ask：問問題　⌄

「/ask」指令是為了讓使用者可以輕鬆快速地向 Midjourney 提出問題或疑問。透過這個指令，你可以詢問關於功能使用、技術問題或是其他相關問題，而 Midjourney 會根據你的問題提供相對應的回答或解決方案。不管是新手還是老手，這個指令都能夠協助你更暢順地使用 Midjourney，並且在遇到不清楚的地方時提供即時的支援。透過這樣的即時回覆，可以大大節省使用者的時間，並提高他們在使用平台時的效率和滿意度。

例如筆者不知道 Relax mode 所代表的含意？直接在「/ask」指令後方輸入「Relax mode？」按下「Enter」鍵就會得到答案了！

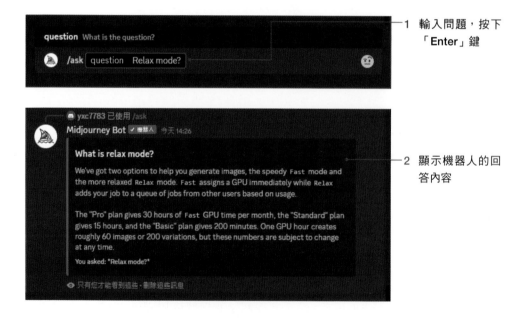

1　輸入問題，按下「Enter」鍵

2　顯示機器人的回答內容

3-13　/help：顯示有關 Midjourney Bot 的使用指令　⌄

「/help」指令是為了協助使用者快速了解及獲得有關 Midjourney Bot 的各種使用指令和功能解說。當你感到困惑或不確定某些功能的使用方法時，你可以利用這個

指令來得到幫助。Midjourney Bot 將會列出所有可用的指令以及他們的基本說明，使你可以更方便、更有效地使用 Midjourney 平台。透過這個指令，使用者可以輕鬆獲得一個指令列表，並且快速了解每個指令的作用，讓使用 Midjourney 平台變得更加輕鬆和方便。

例如筆者在「/help」指令後方輸入「How to use aspect?」機器人就列出相關的連結網址，讓你去找到答案。

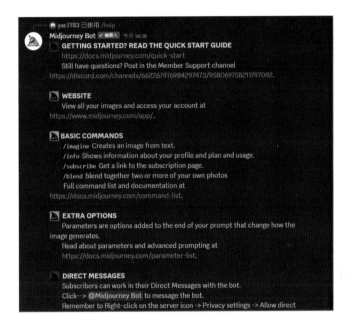

3-14　/subscribe：查看帳號訂閱頁面

當你輸入「/subscribe」指令時，系統將會引導你前往 Midjourney 的訂閱頁面。在這個頁面，你可以查看所有可用的訂閱方案，包含各種期限及功能的不同組合，還能看到各個方案的價格和所包含的服務。這個指令幫助你快速而方便地找到所有你需要的訂閱資訊，讓你可以依照自己的需求和預算來選擇最合適的訂閱方案。關於訂閱的部分，請直接參閱「1-3-3 訂閱 Midjourney」。

3-15 /fast：切換到快速模式

「/fast」指令允許你將 Midjourney Bot 切換到快速模式。在此模式下，Bot 會更快地回覆你的指令和問題，但有可能會犧牲一些詳細度和深度。這個模式非常適合當你想要迅速得到回覆或是在短時間內完成特定任務的時候使用。

通常 Basic Plan（基本計劃）的使用者在輸入提示詞後，機器人就會以 fast 模式來進行圖片的生成，但是要注意的是，一旦你用完了你的快速小時數，就要在網站上進行購買。

3-16 /relax：切換到 Relax 模式

當你使用「/relax」指令時，你將把 Midjourney Bot 切換到「Relax 模式」。在這個模式下，Bot 會以更輕鬆、更隨意的方式來回答你的問題或參與對話。這個模式非常適合那些希望有一個不那麼正式，更像是與友人聊天的交流環境的使用者。不過 Basic Plan（基本計劃）的使用者無法使用此模式，必須升級你的會員計劃後才能選用「Relax mode」指令。

3-17 /public：切換到公開模式（預設）

「/public」指令可以讓你由私人模式切換回公開模式，這也是 Midjourney 的預設模式。在此模式下，你的作品和活動將可以被其他人看到，對於想要展現他們的作品給更多人看的創作者來說，這是一個非常好的方式，因為它不僅可以幫助他們獲得更多的曝光，也提供了一個平台來接收其他人的意見和建議。

執行此指令，切換到公開模式

04

Midjourney 常用參數

Midjourney 提供了許多參數和選項，使開發者能夠更好地掌握其專案的進展和性能。本章將逐一介紹這些常用參數，以幫助你更有效地使用 Midjourney 來管理和優化你的軟體開發過程。設定參數時，一定要注意前後空格和英文狀態，以避免出錯。

4-1　尺寸調整

Midjourney 中常用的尺寸調整參數有兩個，一個是「--aspect」，另一個是「--ar」。下面為各位做說明：

4-1-1　--aspect

「--aspect」參數用於設定螢幕顯示的寬高比例，以對應不同的螢幕尺寸。在預設狀態下，Midjourney 顯示的畫面都是 1:1 的正方形，利用此參數，可允許你在模擬中指定顯示的長寬比，以確保你的應用在各種螢幕上都能正確顯示，避免畫面變形或裁剪。輸入數值必須是整數，參數後面空一格後再輸入寬高比。如下圖所示，提示詞之後加入「--aspect 16:9」，畫面比例就變更成「16:9」，輸出的畫面也變成 1456×816 像素。

提示詞

Grassland+Tianchi+Flying
Eagle --aspect 16:9
草原＋天池＋飛鷹

4-1-2　--ar

「--ar」參數是「--aspect」的簡化形式，用於指定螢幕的寬高比例。它允許你直接指定寬高比。此調整參數可幫助你在開發過程中，準確模擬不同螢幕尺寸和寬高比例，確保生成的畫面在各種情況下都能正確顯示。像 3:2 常見印刷攝影上，而 7:4 則接近於高畫質的電視螢幕或智慧型手機螢幕。

提示詞

High-rise buildings + beach + white clouds --ar 4:7

高樓大廈＋海灘＋白雲

4-2　排除元素 --no

「--no」參數用於在模擬中排除特定的元素，從而使它們在模擬畫面中消失。這對於強調背景或產品特性而不希望有人物出現的情況非常有用。如下所示，提示詞是「Lively shopping street.」（熱鬧的商店街），生成的畫作中會看到許多行人在商店街中，而使用「Lively shopping street. --no people」，畫面中就不會出現人物。

Lively shopping street.

加入「--no people」參數

　　同樣的，想降低某一色彩的比例，也可以使用此參數，或是你有輸入圖片作為參考，也可以指定圖片中你不想要的元素。如果不想要出現的元素有好幾個，可以使用逗號隔開。語法為：--no< 元素 1>,< 元素 2>

　　例如「Floor plan, two bedrooms and one living room.（ 平面設計圖，二房一廳）」，生成圖是有廚房，加入「--no kitchen, brown」參數，就不會生成廚房和棕色調的平面設計圖。

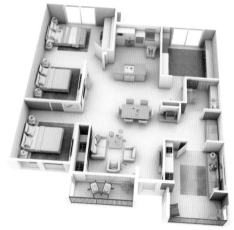

加入「--no kitchen, brown」參數

4-3 切換算圖模式

以下是 Midjourney 中常用的切換算圖模式參數的功能說明和範例：

4-3-1 --v

「--v」參數用於設定使用的版本，目前模擬場景的算圖模式為第五代算圖模式 --v 5.2。第五代算圖模式包含更多的細節以及更細膩的圖像處理，以實現更逼真的視覺效果。在一般預設狀態下，Midjourney 都會使用最新的版本來生成圖。

在「/settings」指令下，你也可以預先設定使用的版本

4-3-2 --niji

「--niji」參數用於切換到漫畫風算圖模式，這種模式通常會給圖像加上漫畫風格的濾鏡效果，使其看起來像是從漫畫中取出的場景。你可以使用「--niji」或「--niji 5」，如下二圖。

Long Hair + Beauty + Full Body --niji 5（長髮飄動＋美女＋全身）

Long Hair + Beauty + Full Body --niji（長髮飄動＋美女＋全身）

4-3-3 --style

「--style」參數目前在 Niji 中比較常用到，它有兩種不同的藝術風格，一個是「--style cute」模式，另一個是「--style expressive」模式。「--style cute」模式的畫面線條比較簡約，較類似於卡通的效果，而「--style expressive」模式生成出來的畫面較偏向於動漫角色，類似 3D 效果。使用這兩種風格之前，必須加入「--niji 5」的指令才會生效。

　　如下所示，提示詞為「jumping fish in water」（水中跳躍的魚），左圖為「--style cute」模式，右圖為「--style expressive」模式所生成的畫面。

--style cute

--style expressive

4-4　畫出相似圖 --seed

　　「--seed」參數用於指定隨機種子，它影響模擬結果的隨機性。當你設定相同的種子時，模擬將生成相同的結果，因為種子是固定的。這對於需要重現特定場景或確保結果一致性的情況很有用。

　　要使用「--seed」參數來生成圖片之前，你必須先查詢種子的編號，查詢方式如下：

2 按此鈕，使加入
反應

1 輸入提示詞
「Cute Flower
Cat + Window
Sill」（可愛的花
貓＋窗台），使
生成四張圖片

3 在此輸入「envelop」

4 點選信封的表情符號

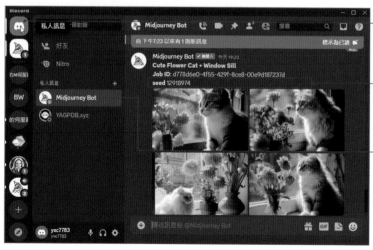

5 按此鈕切換到私
人訊息

7 此處顯示種子編
號

6 點選「Midjourney
Bot」

有了種子編號後，我們將生成四張類似的圖片，但是加入窗外下雨「It's raining outside the window.」的提示詞。方式如下：

1 使用「**/imagine**」指令，在原提示詞之後，加入窗外下雨以及種子的編號，按下「**Enter**」鍵

2 生成四張類似的圖，但是窗外有雨的畫面

4-5　藝術化程度 --stylize 或 --s

「--stylize」參數或縮寫為「--s」用於設定模擬圖像的藝術化程度。這個參數影響圖像的藝術風格和處理效果，讓你調整圖像的外觀，使其更具藝術感或風格化。「--stylize」的預設值為 100，可接受的數值是 0-1000，數值較低時，生成的圖像與提示詞密切相關，藝術性較低。反之，數值高所產生的藝術性較高，但是與提示詞的關聯性較少。

如下的提示詞，「Baby sleeping sweetly in a cradle」（嬰兒甜甜的睡在搖籃裡），加入 --s 50、--s 100、--s 500 參數，即可感受它的差異性，右下圖被強烈地處理以呈現更多的藝術風。

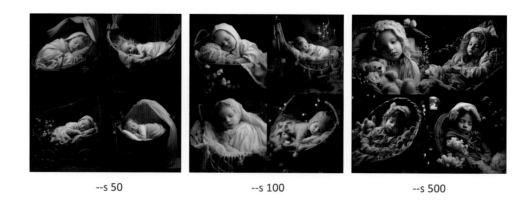

| --s 50 | --s 100 | --s 500 |

4-6 畫出重複拼貼圖案 -- tile

「--tile」參數用於在模擬中畫出重複拼貼的圖案，使圖像以平鋪的方式重複顯示，形成一個拼貼效果。這項功能適合用來創作無接縫的可拼接圖片，像是壁紙、磁磚、紋理材質等，重複的圖案背景或裝飾，可以增加視覺吸引力。

提示詞

fruit --tile
水果

你可以天馬行空的生成想要的拼貼圖案，如上面所示，輸入提示詞「fruit --tile」，將選定的圖案下載後，透過拼貼網站就可以幫你拼接成大張的圖。

1 輸入網址：https://www.pycheung.com/checker/

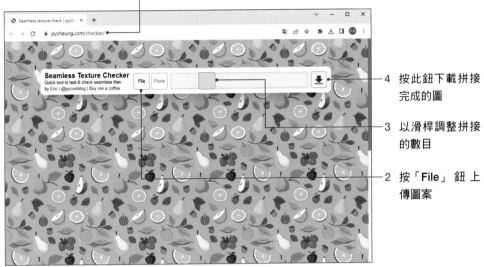

4 按此鈕下載拼接
完成的圖

3 以滑桿調整拼接
的數目

2 按「File」鈕上
傳圖案

4-7 將畫作生成影片 --video

「--video」參數用於生成一段 5 秒鐘的短影片，短影片紀錄了生成畫面由模糊變清楚的整個動態過程，可以用於製作動畫、示範或其他需要動態效果的視覺內容。

要將畫作生成為影片，其技巧如下：

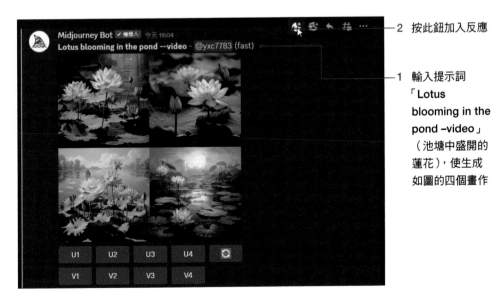

2 按此鈕加入反應

1 輸入提示詞
「Lotus
blooming in the
pond –video」
（池塘中盛開的
蓮花），使生成
如圖的四個畫作

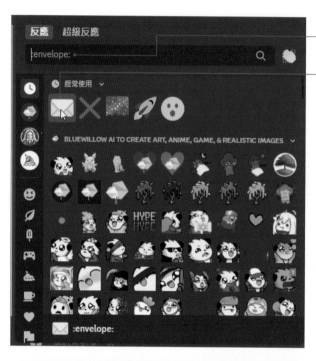

3 搜尋「envelope」

4 點按信封的表情符號

5 切換到「私人訊息」

6 點選「Midjourney Bot」機器人

7 按下此超連結

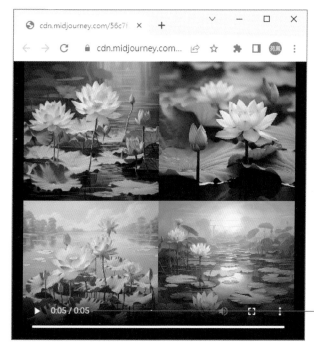

——按此鈕即可播放影片

其呈現的動態效果大致如下：

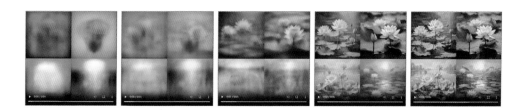

4-8 混亂度 --chaos

「--chaos」參數用於調整模擬中的混亂度，數值可在 0-100 之間，它會影響模擬圖像的外觀，混亂程度較高的數值會生成更不尋常且意想不到的結果。

如下的提示詞「Ant Work + Microscopic Perspective」（螞蟻工作 + 微觀視角），左邊是「--chaos 0」，重點圍繞在螞蟻工作，右邊是「--chaos 50」，似乎已開始偏離主題了。

-chaos 0　　　　　　　　　　　　　　--chaos 50

4-9　重複算圖 --repeat 或 --r

「--repeat」參數或縮寫為「--r」用於指定模擬中元素的重複次數。也就是說，當你需要重複運作相同的提示詞來生成圖時，就可以利用「--repeat 3」來生成 3 組 2×2 的圖，這樣就可以省下大量輸入重複指令的時間。

例如我需要很多張的「餐桌上的美味甜點」，我只要輸入「Delicious desserts for the table -- repeat 3」，機器人確認後，即可生成 12 張圖片。

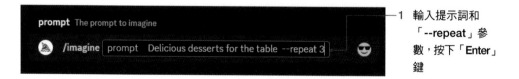

1　輸入提示詞和「--repeat」參數，按下「Enter」鍵

2 機器人與你再
次確認，按下
「Yes」鈕

稍等一下，3 組 2×2 的圖片就可以看到囉！

4-10 提早中斷停止 AI 繪圖 --stop

「--stop」參數用於在模擬過程中提早中斷並停止 AI 繪圖的進行。此參數可以
讓圖片在渲染過程中突然停止，會有較模糊沒細節的感覺。使用的數值可從 10 至
100 之間。如下所示是 --stop 設為 20、50、70 所呈現出來的不同效果，事實上在
「--stop 70」的畫面就和實體很接近了。

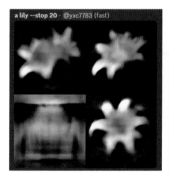

Note

05

優化 Midjourney
生成的 AI 影像

使用 Midjourney 生成的圖片，最大輸出尺寸為 1024×1024，如果你覺得輸出的尺寸不夠大，或者是想要快速將生成的人物或主題進行去背處理，還是生成的圖像中有你不想要的元素出現，想要為 Midjourney 生成的影像進行優化處理，那麼這一章節的內容可供你參考。

5-1　一鍵快速移除背景

這裡為各位介紹一個 AI 圖像處理工具「Clipdrop」，其網址為：https://clipdrop.co/。

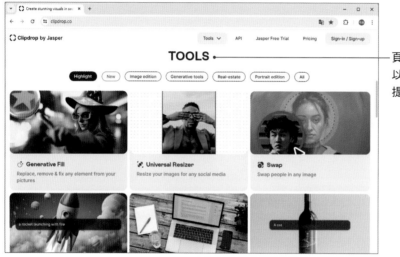

頁面往下移，就可以看到 Clipdrop 提供的各項工具

ClipDrop 是由人工智慧整合線上照片編輯工具的網站。它的基礎功能皆可免費使用，且不需要註冊帳號即可匿名使用各項工具，不過匿名用戶還是有一定的配額，如果達到最大的免費配額，還是會要求你考慮升級成會員，或者稍後再重試。

ClipDrop 提供的各項工具都有不同的功能，可以幫助用戶快速處理圖片、去除背景、調整光線效果、放大圖像、去除文字以及建立多種變化體等。由於使用上非常簡單快速，不需要利用專業的繪圖軟體就能讓你在幾秒鐘內產生令人驚豔的視覺效果。其中有一項工具是「Remove background」，可以幫你將 Midjourney 生成的圖像主題，快速進行去除背景的處理。

　　利用此工具，可以準確且快速的從圖片中提取主題，由於它是利用人工智慧來移除圖像背景，所以不僅可以保留主題的細節，對於複雜的邊緣，像是毛髮、複雜物體，它都能夠讓對象的邊緣非常的清晰。未登入帳號的匿名用戶，一次只可處理一張影像，若要一次處理 2-10 張影像，則必須註冊登錄才可使用。其使用技巧如下：

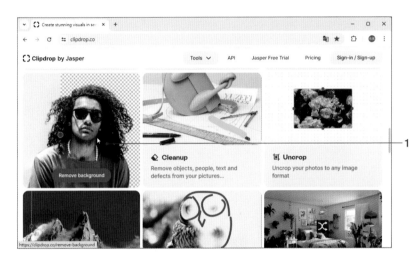

1　點選「**Remove background**」，使進入編輯視窗

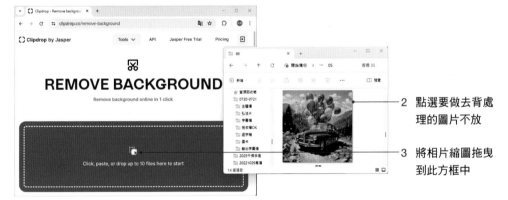

2　點選要做去背處理的圖片不放

3　將相片縮圖拖曳到此方框中

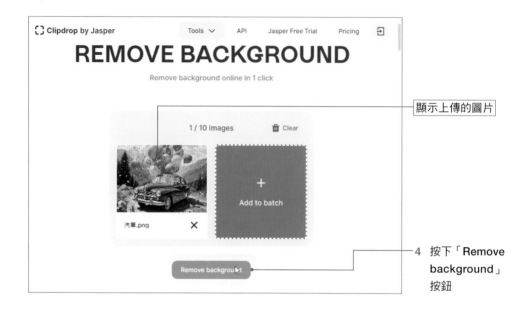

顯示上傳的圖片

4 按下「Remove background」按鈕

6 滿意則按「Download」鈕下載去背的檔案

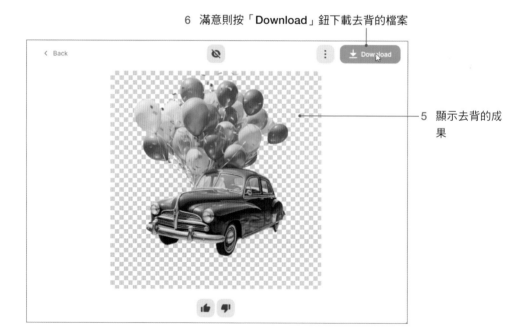

5 顯示去背的成果

透過這種方式就可以快速完成圖像的去背處理，將圖像應用在所需的工作之中。

5-2 圖片無損放大

使用 Midjourney 生成的圖片，最大輸出尺寸為 1024×1024，如果你覺得輸出的尺寸不夠大，這裡介紹幾個網站供你參考，讓你將圖片無損放大。

5-2-1 使用 Clipdrop 的「Image upscaler」工具

Clipdrop 工具中有一項「Image upscaler」，圖像升頻器可以在幾秒內幫你放大圖像的尺寸，免費用戶可將圖像放大兩倍的大小，若要放大 4 倍、8 倍、16 倍則必須要訂閱用戶才可使用。

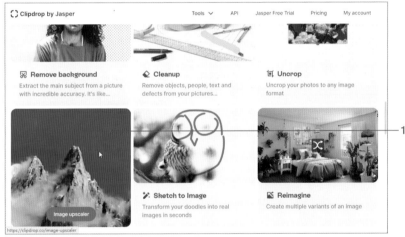

1 點選「**Image upscaler**」工具，使進入編輯視窗

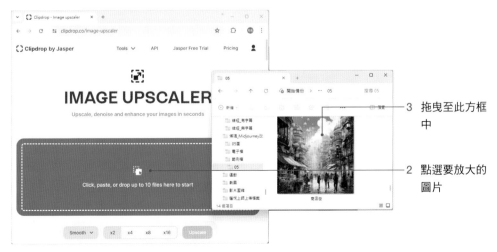

3 拖曳至此方框中

2 點選要放大的圖片

4 一般用戶只能
選用 2 倍

5 顯示去背的成
果

6 圖像放大完
成，按此鈕下
載畫面

完成以上動作後，原先畫面是 1024×1024 像素，瞬間你就擁有 2048×2048 像素的畫面囉！所以素材尺寸若不夠大，那就靠它來幫忙。

5-2-2 使用 bigjpg 的 AI 人工智慧圖片放大

「AI 人工智慧圖片放大」是中國開發的網站，它是使用最新人工智慧深度學習技術，將噪點和鋸齒的部分進行補充，實現圖片的無損放大。目前免費版可放大到 3000×3000 像素。其網址為：https://bigjpg.com/zh

　　這個網站使用方法很簡單，無須登錄註冊，只要將圖片拖曳到框框中後，再選擇放大的倍數即可。放大 8 倍或 16 倍需要升級才可使用。完成放大後，框框下方會顯示「下載」鈕讓你進行下載。例如 Midjourney 生成的圖片尺寸為 1024×1024，利用此網站放大 4 倍，可立即得到 4096×4096 的圖檔。

　　使用方法如下：

1 　輸入網址：**https://bigjpg.com/zh**

2　按此鈕選擇圖片

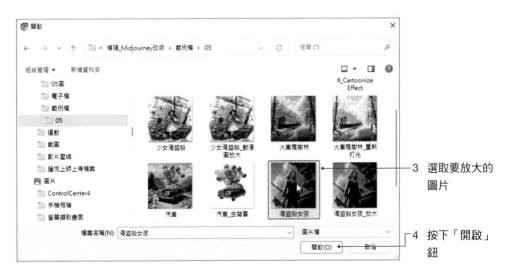

3　選取要放大的圖片

4　按下「開啟」鈕

5 按此鈕開始放
大圖片

顯示上傳的圖檔及其資訊

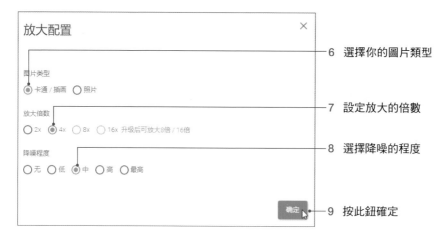

6 選擇你的圖片類型

7 設定放大的倍數

8 選擇降噪的程度

9 按此鈕確定

10 稍等一會，就
會看到「已完
成」的文字

11 按此鈕下載檔
案

5-2-3　使用 AI. Image Enlarger 放大動漫圖像

AI. Image Enlarger 提供各種的人工智慧工具，可以幫助各位放大圖像、降噪、移除背景、著色、臉部修飾等，而且支援中文，所以使用上沒有任何的障礙。其網址為：https://imglarger.com/zh-tw/

這裡提供各種的人工智慧工具

其中有一項是專為動漫圖像或卡通圖像的放大功能，所以各位若是生成的圖像是以動漫為主的畫面，不妨嘗試使用看看。

免費計畫每個月有 10 個積點，只要以電子郵件登入，它會以郵件寄送連結網址到你的信箱，點選連結網址即可使用免費計畫。

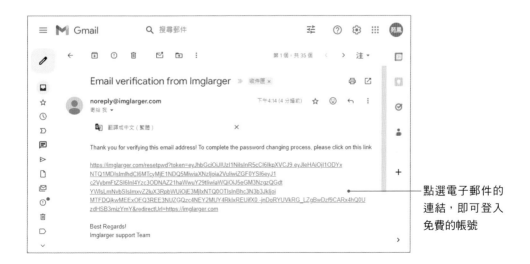

點選電子郵件的連結，即可登入免費的帳號

登入帳號後，請由「人工智慧工具」下拉選擇「AI 動漫 16K」的選項，即可以依照以下的方式來進行動漫圖片的放大。

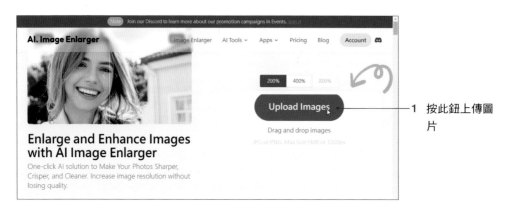

1 按此鈕上傳圖片

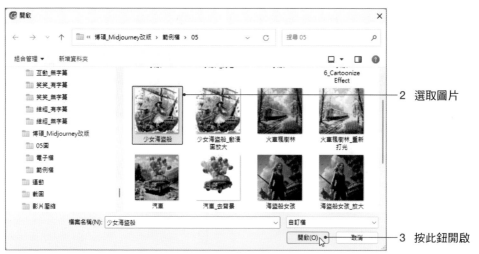

2 選取圖片

3 按此鈕開啟

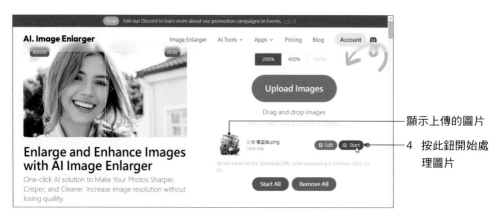

顯示上傳的圖片

4 按此鈕開始處理圖片

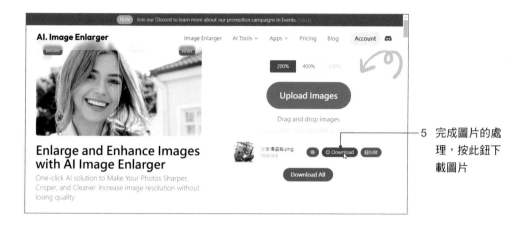

5 完成圖片的處理，按此鈕下載圖片

圖片經過 AI. Image Enlarger 放大後，不但尺寸變大，解析度也更佳喔！如下所示：

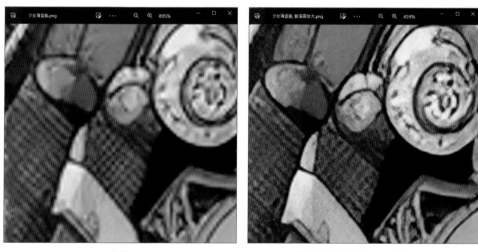

原圖　　　　　　　　　　　　　　放大圖放大圖 2048×2048

5-3 重新為圖像打燈光

　　Clipdrop 工具中還有一項「Relight 重燃」工具可以為你的主題人物再次進行燈光的處理，你可以透過它所提供的工具來控制背景光、環境光、多盞燈光、新增燈光、光的顏色、距離、半徑等各種屬性。讓 Midjourney 生成的圖像以你期望的燈光效果重現。這裡就以楓樹林中的火車來做示範，可以看到右下圖則為重新打光的結果。

原始畫面　　　　　　　　　　　　　　燈光調整結果

　　要為圖像重新打光，其操作步驟如下：

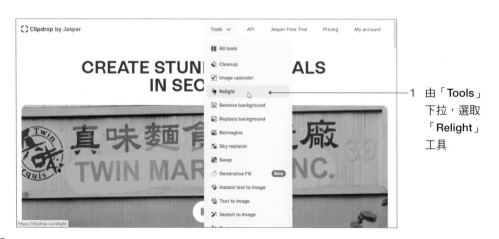

1 由「Tools」下拉，選取「Relight」工具

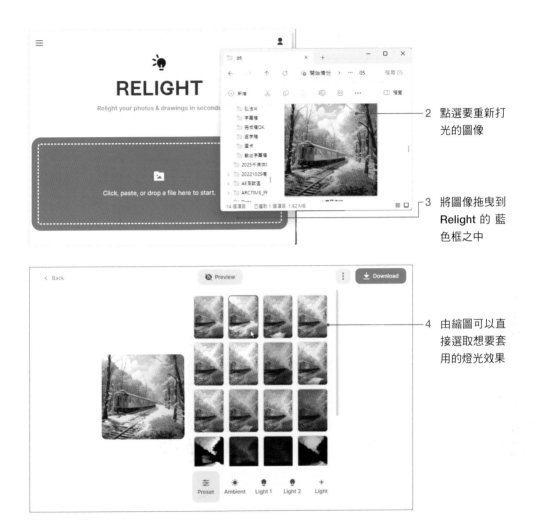

2 點選要重新打
光的圖像

3 將圖像拖曳到
Relight 的 藍
色框之中

4 由縮圖可以直
接選取想要套
用的燈光效果

　　如果你想自己設定燈光效果，可以由下方的「Ambient」設定環境光，選擇
「Light」設定光的位置和顏色。

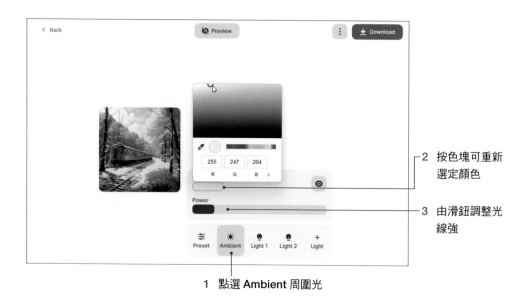

2 按色塊可重新
選定顏色

3 由滑鈕調整光
線強

1 點選 Ambient 周圍光

7 按此鈕下載圖
片

6 拖曳圓元鈕可
調整位置

5 自行調整燈光
強度、距離與
半徑值

增加燈光可按此鈕

4 依序點選 Light1 和 Light2 的燈光

5-4　清除畫面多餘物件

好不容易生成一張頗為滿意的畫作，但是其中有元素是我不想要的怎麼辦？那麼就利用 Clipdrop 工具中「Cleanup」清理工具來清除掉多餘的元素吧！

原始畫面

Cleanup 之後的畫面

Cleanup 清理工具可以把不想要的部分以滑鼠塗抹，而刪除的部分會自動幫你以鄰近的畫面補足。

其操作技巧如下：

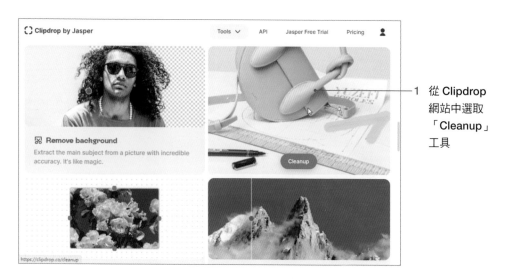

1 從 Clipdrop
網站中選取
「Cleanup」
工具

2 將相片縮圖拖
曳到方框中

5　對不要的區域
　　進行塗抹

4　選擇「Select」
　　鈕

3　調整筆刷大小

6　按此鈕進行清
　　理

8　修正完成，按
　　此鈕下載檔案

7　瞧！原先的恐
　　龍被移除了

5-5 照片卡通化

MyEdit 是訊連科技提供的免費圖片編輯器，可以去除圖片上的物件、照片模糊修復、去噪點，或是照片動漫化、照片卡通化等，讓你生成的圖片有更多編輯和效果選擇，特別是動漫化或卡通處理，是現今許多人愛用的大頭貼方式之一。MyEdit 的網址為：https://myedit.online/tw/photo-editor。

1 輸入 **MyEdit** 網址

2 由左側的選單中選擇「照片卡通化」的選項

3 按此選擇檔案

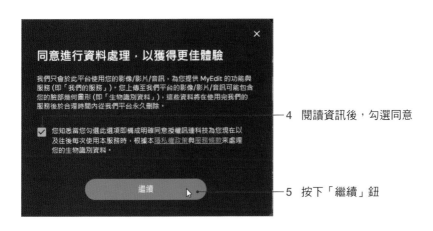

4　閱讀資訊後，勾選同意

5　按下「繼續」鈕

6　選擇要做卡通
化的圖片

7　按此鈕開啟檔
案

8　點選要套用的
卡通風格

9 按下「確定」鈕進行切

10 設定裁切的比例

11 設定顯示的範圍

12 按下「裁切」鈕

14 按此鈕進行下載

13 顯示照片卡通化的效果

　　按下「下載」鈕後須登入個人帳號，才可進行免費下載喔！目前此功能每日只能下載一次。

　　有關優化 Midjourney 生成的 AI 影像，我們就介紹到這裡，因為目前有關圖像優化的軟體或網站相當的多，各位只要搜尋就可以找到許多的資訊，這裡介紹的是筆者使用過且覺得不錯的網站，希望對大家有幫助。

06

Midjourney 不為人知的
祕技與經驗分享

本章我們將進一步探討 Midjourney 的繪圖技術，揭露一些不為人知的祕技和經驗分享。這些技巧將有助於各位更好地理解和運用 Midjourney AI 繪圖，以創造出更令人印象深刻的藝術作品和圖像。無論是新手還是有經驗的使用者，這些祕技都能為你的創作過程提供新的思維和方法。

6-1　多重提示詞與權重

在這個小節中，我們將探討使用多重提示詞的技巧。了解如何結合多個提示詞，以引導 Midjourney AI 繪圖生成更具多樣性和創意的圖像。這種方法將幫助你在創作過程中擴大想像空間，使作品更具獨創性。

6-1-1　以 :: 分隔提示詞的不同概念

在英文詞句中經常有複合詞的出現，所謂的「複合詞」是專指由兩個以上的詞彙所組成的文字，例如 dance hall 舞廳、junk food 垃圾食物、hot dog 熱狗、hand bag 手提包等，將兩個文字分開來理解，可能產生的圖片就會完全不同。

在 Midjourney 繪圖中，各位可以使用「::」來分隔兩個不同的概念，以舞廳為例，「dance hall」和「dance::hall」產生的畫面就不一樣，「dance::hall」會以跳舞的人物為主，而「dance hall」則是生成舞廳的場景。注意的是「::」之間或與英文字之間是不留空白。

dance hall 生成的畫面　　　　　　dance::hall 生成的畫面

6-1-2　設定提示詞中的權重

　　利用多重提示詞時，你還可以設定各部分的權重比例喔！在一般的預設值狀態下，其權重為 1，如下所示，「Blue sky::White clouds::Beach::Coconut trees」是藍天、白雲、海灘、椰子樹四個要素的比重皆為 1 所生成的圖片。

如果你希望生成的畫面是椰子樹的比重最大，海灘次之、再來是白雲、藍天，那麼可以將提示詞設為「Blue sky::1 White clouds::2 Beach::3 Coconut trees::4」，生成的畫面就會以椰子樹的比重最多。

使用多重提示詞可以讓你的創作更具想像力和創新性，透過權重的設定，就可以讓你將想要的元素比例加重，各位不妨嘗試看看，讓你的 AI 藝術作品更上一層樓！

6-2 把圖像變成提示指令

在這個小節中，我們將教你如何將現有的圖像轉化為提示指令，以啟發 Midjourney AI 繪圖的創作。這種方法可以讓你以現實圖像為基礎，進一步優化和變形，創造出獨特的藝術品。

首先，我們需要了解什麼是「將圖像變成提示」。在 Midjourney AI 繪圖中，「將圖像變成提示」是指將現有的圖像描述轉化為文字提示，並用這些文字提示來引導 AI 進行創作。

6-2-1 以圖生圖

以下是將一個「圖像」變成「提示」的操作步驟：

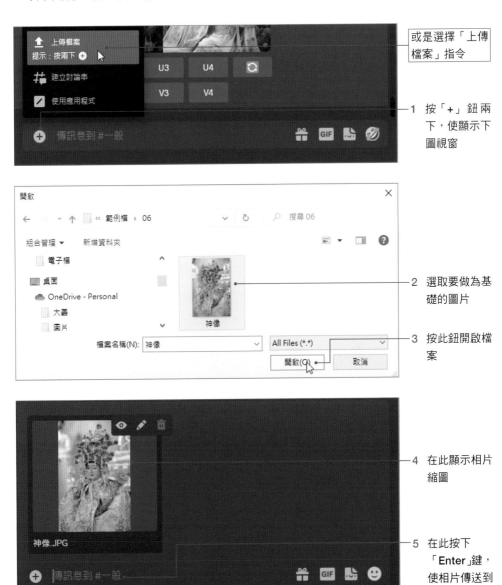

或是選擇「上傳檔案」指令

1 按「+」鈕兩下，使顯示下圖視窗

2 選取要做為基礎的圖片

3 按此鈕開啟檔案

4 在此顯示相片縮圖

5 在此按下「Enter」鍵，使相片傳送到Dicsord

6 顯示圖片已上傳
到 Dicsord 社群

　　接下來輸入「/」，並在清單中選擇「/imagine」指令，將圖片拖曳到 prompt 之中，顯示圖片的連結，再輸入圖片的提示詞即可。

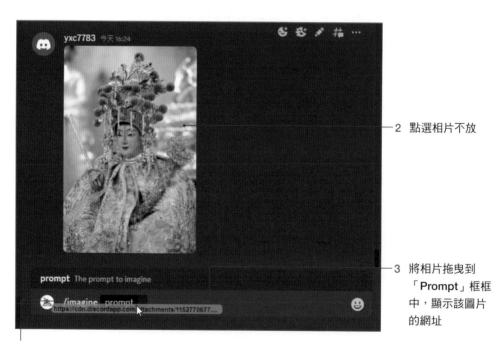

2 點選相片不放

3 將相片拖曳到
「Prompt」框框
中，顯示該圖片
的網址

1 先入「/imagine」指令

4 在圖片連結網址之後加入你的提示詞「Gorgeous costumes + Traditional Chinese Painting Style」（華麗服飾＋國畫風格），然後按下「Enter」鍵

生成了四張具有華麗服飾，又有中國畫風格的四張圖片

6-2-2 多圖生圖

除了以圖生圖外，也可以多圖生圖喔！運用技巧和前面相同，只是當圖片上傳後，在拖曳到「Prompt」時，以空白鍵相互隔開即可。

如上的兩張圖，加入「Qing dynasty men in China wielding machetes in the square.」（中國的清朝男人在廣場上耍大刀），就會得到如下的畫面。

透過這種方式，就可以將現實世界中的任何圖像轉化為 AI 藝術作品的靈感來源。不妨嘗試看看，讓你的 AI 藝術作品更上一層樓！

6-3 儲存／移動 Discord 上已生成的圖

在這個小節中，我們將討論如何有效地管理和儲存 Midjourney 在 Discord 上生成的照片。我們將分享一些技巧，幫助你組織和移動這些圖像，以方便利用它們，無論是用於創作還是分享。

先前在第一章的時候，我們告訴各位如何使用 Midjourney 的個人首頁，因為只要你有點選過 U1-U4 的鈕取得高畫質圖像，這些圖檔就會顯示在個人首頁當中。在個人首頁中，點選圖片縮圖即可進行圖片的下載和儲存。

1 進入 **Midjourney** 網站的個人首頁

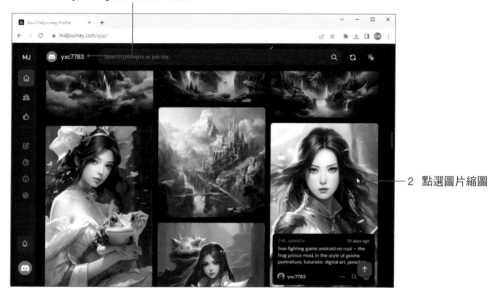

2 點選圖片縮圖

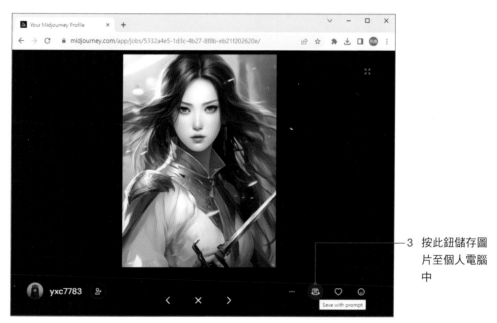

3 按此鈕儲存圖片至個人電腦中

　　由於 Midjourney 個人首頁中所保存的畫面，只有你比較喜歡的高畫質圖檔，其他生成的圖像則可以透過以下的方式，直接從 Discord 留存下來。

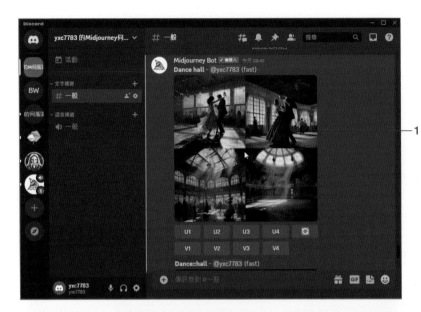

1 在 Discord 中
點選已生成的
四張圖像

2 按右鍵執行
「儲存圖片」
指令

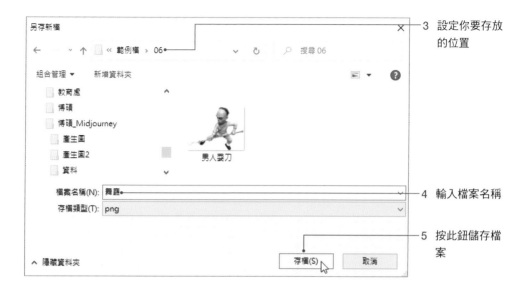

<table>
<tr><td>3</td><td>設定你要存放的位置</td></tr>
<tr><td>4</td><td>輸入檔案名稱</td></tr>
<tr><td>5</td><td>按此鈕儲存檔案</td></tr>
</table>

完成如上動作後，四張圖就會儲存成 2048×2048 大小的 PNG 圖檔，這樣就可以將所有你生成的圖片保留下來，並移到想要存放的位置，以便於管理和再次使用。

6-4　更換 Discord 帳號的頭像外觀

Discord 帳號的頭像是你在社交平台上的代表，這裡我們將介紹如何更換 Discord 帳號的頭像外觀，使其更具個性和獨特性。我們以下面的卡通化圖片作為介紹。

啟動 Discord 之後，由左下角用戶鈕進行如下的設定：

2 點選此鈕編輯
個人資料

1 按此用戶鈕

3 按此變更頭像

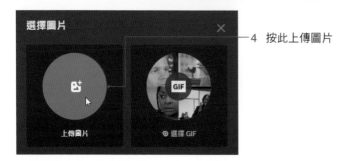

4 按此上傳圖片

5 點選圖片

6 按下「開啟」鈕

8 拖曳可以調整位置

7 由此滑鈕可以調整大小比例

9 按下「申請」鈕

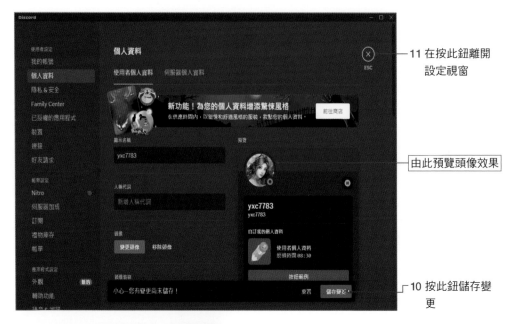

11 在按此鈕離開設定視窗

由此預覽頭像效果

10 按此鈕儲存變更

個人專屬的頭像已設定完成囉！

6-5　把 ChatGPT 塑造成 Midjourney 的提示詞建立大師

在第一章的一開頭，我們就為各位介紹了 ChatGPT 聊天機器人的基本用法，由於 Midjourney 的提示詞最好是使用英文，所以我們可以將想要表達的詞語請 ChatGPT 幫我們翻譯成英文，再將翻譯的結果貼入 Midjourney 的 prompt 中，使其生成圖像。

將 ChatGPT 當成翻譯工具

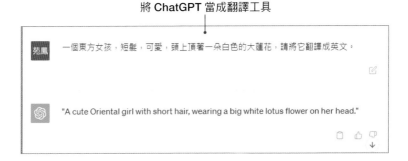

另外，當你在瀏覽他人的作品時，如果不知道他下達的指令是何意義，也可以請 ChatGPT 幫你將它翻譯成中文，如下所示：

將別人的 Prompt 翻譯成中文

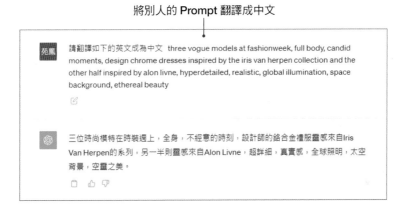

ChatGPT 除了當作翻譯的工具外，其實它的用途還多著呢！

6-5-1 查詢各類藝術風格或藝術相關的資訊

當我們在學習他人的 prompt 時，經常會看到各種藝術風格的描述，如果你對各種藝術風格不甚了解，可以直接請 ChatGPT 幫你找到相關資料。例如，「請以中文條列出常見的藝術風格，並以逗點隔開，將其翻譯成英文」，如此一來，你就可以快速了解各種常見的藝術風格及其英文。

同樣地，想要了解構圖中常見的視覺角度，也可以直接向 ChatGPT 提問，請它列出構圖中常見的視角，並在列表後方顯示其英文，如此一來就可以得到相關的資訊，然後再將所想要的詞句加到你的提示詞當中。

6-5-2　ChatGPT 角色扮演

你也可以請 ChatGPT 做角色扮演。告訴 ChatGPT：「我正在使用 Midjourney 的繪圖生成器，ChatGPT 的角色是一位提示（prompt）工程師的專家，當我在主題前添加 /，請 ChatGPT 依專家的角度來寫提示。」

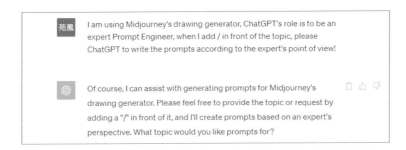

各位可以看到，ChatGPT 的回答是：「當然，我可以協助為 Midjourney 的繪圖生成器提示，請隨時提供主題或要求，在前面加上『/』，ChatGPT 將根據專家的觀點產生提示。請問你需要什麼主題的提示？」

有了以上的回覆後，你就可以根據自己的需求來詢問 ChatGPT。假如我想要設計的網站首頁，希望能表現出科技感。當我在 ChatGPT 中輸入「/Design website homepage, with a sense of technology」後，ChatGPT 立即給我 10 個不同的提示。如下圖所示：

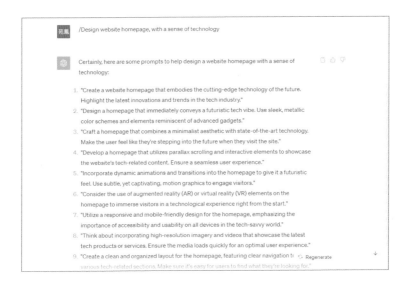

接下來你可以在 ChatGPT 所提供的提示詞中挑選喜歡的提示詞，然後複製並貼到 Midjourney 中，即可生成網站首頁的編排。如下所示：

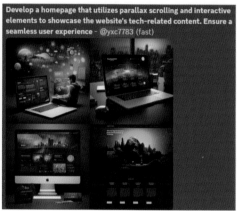

透過以上的方式，就可以將 ChatGPT 塑造成 Midjourney 提示詞的建立大師。如果生成的圖片不是你想要的，也可以告訴 ChatGPT 缺失，請它再幫你設計提示詞，反覆的修正，才能以最佳化的程度引導 AI 生成你想要的圖像，幫助你在創作過程中取得更多掌握和自信。不妨嘗試看看，讓你的 AI 藝術作品更上一層樓！

07

結合 ChatGPT 與
Midjourney 實作動畫故事

在這個章節中，我們將結合 ChatGPT 與 Midjourney 兩項工具來製作一個動畫故事。我們先由 ChatGPT 產生一些構想或是腳本，再由 Midjourney 來生成故事中所需要的圖像，最後利用免費的影片剪輯軟體「剪映」來完成動畫影片的輸出。

「剪映」是中國臉萌科技開發的一套全能型且易用的剪輯軟體，可以輸出高畫質且無浮水印的影片，不但支援多軌剪輯、還提供多種的素材和濾鏡可以改變畫面效果。在介面的設計上很直覺且易用，因為它也有許多的 AI 工具，像是自動生成字幕、自動移除影像背景、文本朗讀、曲線變速等，這些功能讓剪輯師可以一鍵操作就能上字幕、輕鬆為人像去除背景、也能讓 AI 為影片作文本的朗讀，同時又提供豐富的素材庫，引入無限量的音訊、特效、濾鏡等各類素材，讓影片剪輯更栩栩如生，能夠滿足各類剪輯師的需求，人人都可以成為剪輯大神。各位可以自行到它的官網去下載軟體。網址為：https://www.capcut.cn/

結合 ChatGPT 與 Midjourney 實作動畫故事 **07**

安裝完成後，電腦桌面上就會看到「剪映專業版」的圖示，按滑鼠兩下即可啟動應用程式。

7-1　腳本設計

首先我們使用 ChatGPT 來進行構思。由於故事腳本的設計因需求不同會有百千種變化，但是基本上離不開主題人物、背景畫面、任務要求和輸出的方式。你可以將需求告知 ChatGPT，請它幫你構思，但是重要的訊息還是要講清楚說明白，這樣 ChatGPT 才能回覆你所需要的答案。

7-1-1　使用 ChatGPT 寫腳本

在這裡我們希望 ChatGPT 先扮演一位「兒童繪本的撰寫者」，撰寫適合 4-6 歲兒童學習的內容，每一個場景是一個旅遊的景點，例如：森林、河道、古堡等。前景是有一位穿紅衣的女孩和一隻穿搭與場景相配合的博美狗；注意，博美狗須使用雙腳站立。請 ChatGPT 提供畫面說明、場景介紹、繪本文案，以表格顯示。

輸入以上的需求，ChatGPT 就會針對森林、河道、古堡等場景，做出如下的表格說明。

7-1-2　將腳本翻譯成英文

如果 ChatGPT 所提供的畫面說明符合你的要求，你可以直接請 ChatGPT 將畫面的說明都翻譯成英文，這樣英文的詞句直接複製到 Midjourney 中就可以使用。

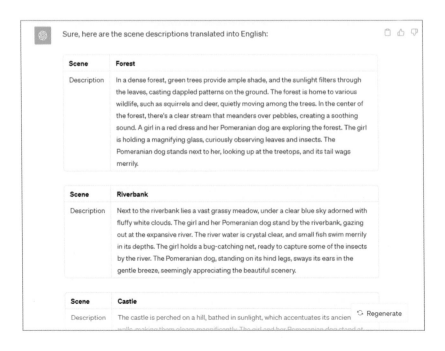

如果 ChatGPT 所提供的內容還需要做修正或增刪，建議可以將中文複製到 DeepL 翻譯器或 Google 翻譯中，直接編修中文，也能立即得到英文翻譯。

7-1-3　撰寫故事內容

針對 ChatGPT 所提供的場景和畫面說明，筆者要求 ChatGPT 針對以上場景說出一個故事。讓森林、河道、古堡等畫面可以串接在一起，適合 4-6 歲的小孩閱讀的故事。

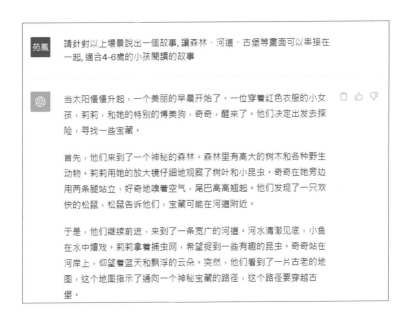

ChatGPT 所給的故事是比較長些，由於筆者是在介紹動畫故事的製作方式，所以為了適合幼兒閱讀，會希望 ChatGPT 可以寫的簡短一點，用詞也希望再更簡單一些，因此得到如下的故事內容。

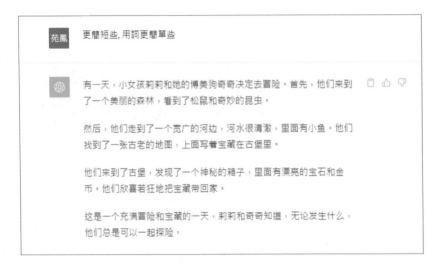

所生成的故事內容，我們屆時就可以透過剪映剪輯軟體的 AI 工具將它朗誦出來。

7-2　生成繪本所需圖像

有了場景畫面的說明，你可以直接將英文翻譯複製到 Midjourney 中，或者是擷取重要的詞語。

7-2-1　指定生成圖為視訊畫面比例

一般影片的比例有 4:3 或 16:9，所以在生成圖片前，筆者加入「+ Impressionist style --ar 16:9」兩個提示詞，使畫面顯示印象派風格和 16:9 的畫面比例，以便製作影片。

The girl in the red dress and her Pomeranian are exploring the forest, the girl holding a magnifying glass in her hand, curiously observing the leaves and insects. The Pomeranian stands beside her, looking up at the canopy of the trees, his tail wagging happily! + Impressionist style --ar 16:9 - @yxc7783 (fast)

加入 **16:9** 的比例設定，可在視訊影片中呈現滿版的效果

7-2-2 縮小畫面比例

為了讓影片畫面可以做放大縮小的處理，我們可以在選定的畫面做「Zoom Out 2X」處理，這樣可以看到主題人物以外更多的細節，以便在剪映軟體中進行縮放的處理，來產生畫面的動感。

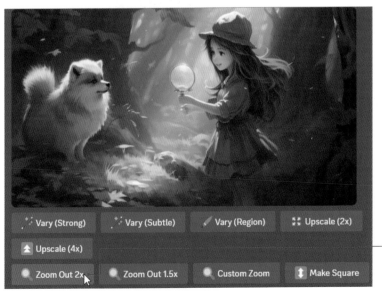

1 按此紐縮小畫面

2 生成的四張圖，可以看到更多森林的模樣

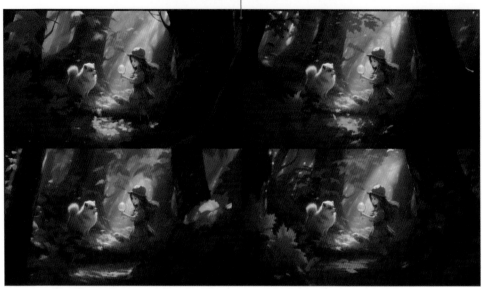

選其中的一張圖片後，按「U」鈕生成如下的畫面，再按右鍵於圖片上執行「儲存圖片」指令，就可以儲存到你想要放置的位置了。

7-2-3 以圖生圖延續角色形式

為了讓主角的女孩和博美狗能夠有所延續,我們可以使用 6-2-1 節介紹的「以圖生圖」的方式,將現有的圖像轉化為提示指令,使後面場景的生成的女孩和博美狗可以較相似些。我們以如下的森林中的場景為例,先將該圖按右鍵儲存到電腦桌面上,以便待會上傳到 Discord 上。

接下來上傳該圖片,取得該網址後,在 Prompt 中加入第二場景的提示詞,以及印象派畫風和 16:9 等參數後,即可生成四張畫面。從生成的畫面中選定一張圖,再進行「Zoom Out 2X」縮小畫面,

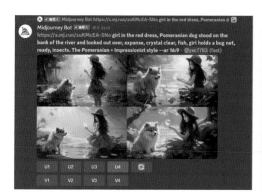

同樣地，將縮小畫面比例後的圖片按右鍵存放在電腦桌面上待用。

7-2-4　使用 vary 編修畫面

生成的畫面如果有部分地方不滿意，可以利用 ✔ Vary (Region) 按鈕來進行替代。

　　如上所生成的古堡畫面，想要地上有許多的寶石和金幣，可在按下 Vary (Region) 鈕
後，以套索工具選取想要變更的範圍，如下圖所示：

　　按下「Submit」鈕後輸入要加入許多寶石和金幣在地上「Many jewels and gold coins on the ground」，那麼選取的範圍就變成寶石和金幣囉！

透過以上的方式，你就可以順利的將動畫影片所需的圖片生成。接下來就是利用剪映軟體來製作動畫效果，並加入故事的說明。

7-3 使用剪映製作動畫影片

在剪映軟體中，我們要教大家如何將圖片插入至影片當中，同時設定動態的移動效果，把 ChatGPT 生成的故事內容轉成語音朗讀出來，加入字幕後，最後導出成視訊影片。

7-3-1 剪映匯入媒體

首先啟動剪映軟體，在首頁畫面按下「開始創作」鈕即可進入編輯視窗。

─── 按此鈕開始創作

接下來在視窗左側按下「導入」鈕，可將所需的圖片匯入至剪映的媒體庫中。

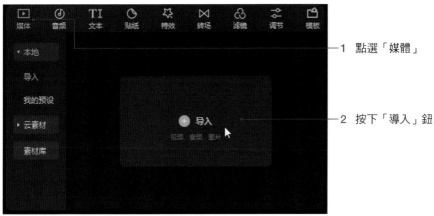

1 點選「媒體」

2 按下「導入」鈕

3 點選要使用的
素材

4 按下「開啟」
鈕

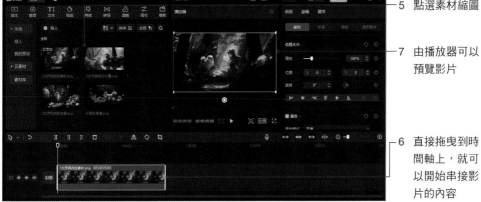

5 點選素材縮圖

7 由播放器可以
預覽影片

6 直接拖曳到時
間軸上，就可
以開始串接影
片的內容

由於我們先前是將生成圖片設為「-- ar 16:9」,所以在此畫面會顯示為滿版的效果,如果你要製作的影片是其他的比例,可以由「播放器」下方按下 比例 鈕進行變更。

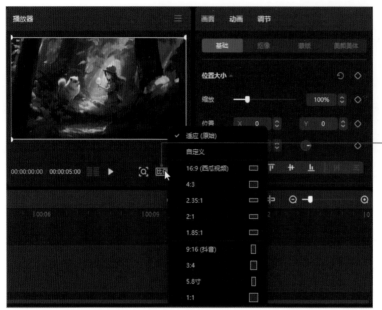

由此設定影片的寬高比例

在剪映軟體中,檔案名稱預設是以日期顯現,如「10月20日」,每次開始創作都是一個草稿,當你關閉編輯檔案後,會在首頁上縮圖,點選右下角的選項鈕選擇「重命名」指令,就可以輸入新的檔案名稱,如下圖所示。點選縮圖即可編輯該檔案。

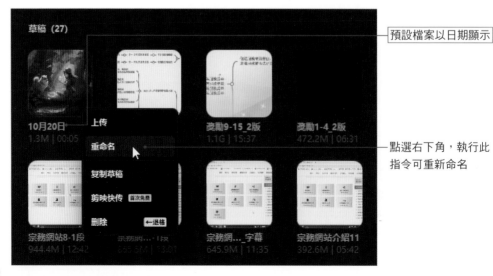

預設檔案以日期顯示

點選右下角,執行此指令可重新命名

7-3-2 插入故事文本

為了方便圖片與朗讀的內容相配合，我們先將 ChatGTP 所生成的文稿貼入到剪映
軟體中，方便待會找到合適的朗讀者。

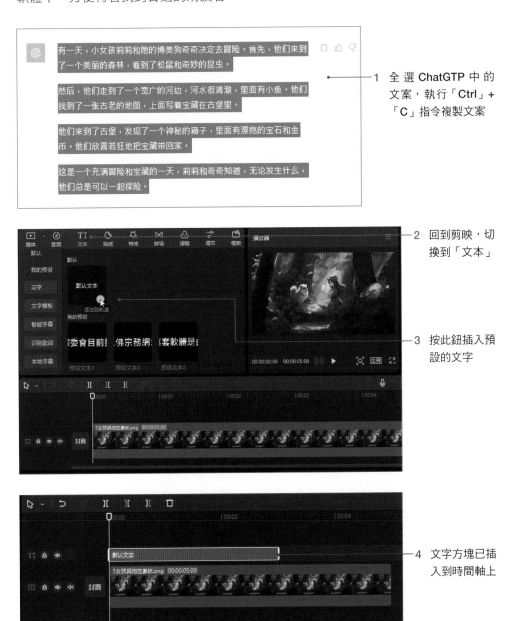

1 全 選 ChatGTP 中 的
文案，執行「Ctrl」+
「C」指令複製文案

2 回到剪映，切
換到「文本」

3 按此鈕插入預
設的文字

4 文字方塊已插
入到時間軸上

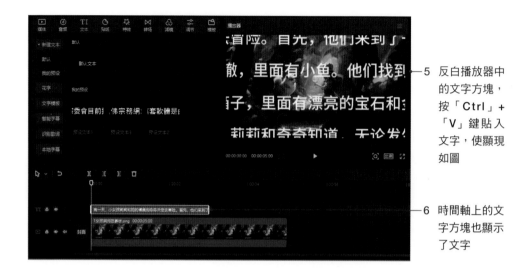

5 反白播放器中的文字方塊，按「Ctrl」+「V」鍵貼入文字，使顯現如圖

6 時間軸上的文字方塊也顯示了文字

7-3-3 朗讀文本

文本加入時間軸後，接著選擇你想要使用的聲音，剪映的「朗讀」標籤中有各種人物的聲音，有少兒故事、古風男主、台灣男生、小廢童等，各種聲音任你挑選。

2 切換到「朗讀」標籤

3 選取要朗讀的聲音，可以預先聽到該聲音的效果

4 選取聲音後，按此鈕開始朗讀

1 時間軸上點選文字方塊

6 點選此文字層，按「Delete」鍵使之刪除文字方塊

5 瞧！朗讀的聲音已經加到時間軸中

7-3-4　串接素材

確認聲音的長度和位置後，接著就可以依照故事情節，依序將生成的場景圖片排列在時間軸中。請自行將導入的畫面拖曳到時間軸內，調整素材的右邊界，使與故事的節奏配合即可。

7-3-5　以關鍵畫格設定畫面的縮放與位置

剪映提供的功能相當多，礙於篇幅，在這裡我們只介紹關鍵畫格的使用，利用「畫面」標籤中的「基礎」面板，來設定放大／縮小與位置的變化。只要設定好「前」與「後」兩個關鍵畫面，就可以在播放影片時產生動的效果。

按此鈕可在時間軸上加入關鍵畫格，此鈕可同時調整縮放、位置、旋轉等屬性

例如上圖的播放器，我想讓人物漸漸放大並靠近我們，就可以透過關鍵畫格來設定。

1 播放磁頭移到前面的開始不久的位置

2 按此鈕加入關鍵畫格

4 按此加入關鍵畫格

5 調整縮放比例和位置的數值

6 從播放器查看畫面效果

3 播放磁頭移到後方的位置

完成上述的動作後，「前」與「後」的關鍵畫格就設定完成，當你按下播放器上的「播放」鈕就可以看到人物拉近的效果囉！

原來的畫面

拉近的畫面

接下來，自行依此技巧來設定其他畫面的關鍵畫面囉！

7-3-6　自動生成字幕

要在剪映硬軟體中加入並不困難，只要利用「智能字幕」的功能進行辨識，就可以得到字幕。

2　點選「文本」

3　點選「智能字幕」

4　按下此鈕開始識別字幕

1　播放磁頭放在最前端

6　由「基礎」標籤可變更字級的大小或文字樣式

7　按此鈕預覽整體的影片效果

5　顯示辨識完成的字幕塊

　　由於剪映是中國的公司所開發的軟體，所以辨識出來的文字也是簡體中文，如果你想顯示繁體中文字幕，可以導出字幕後，利用 Word 軟體進行轉換後再匯入剪映中。請由視窗右上角按下「導出」鈕。

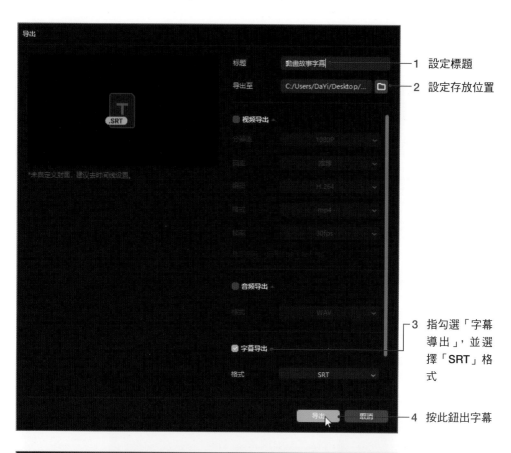

1 設定標題
2 設定存放位置
3 指勾選「字幕導出」，並選擇「SRT」格式
4 按此鈕出字幕

5 按此鈕開啟資料夾

接著開啟 SRT 檔案，全選文字複製後貼到 Word 軟體中，由「校閱」標籤中點選
「簡轉繁」鈕，使簡體文字變成繁體中文。

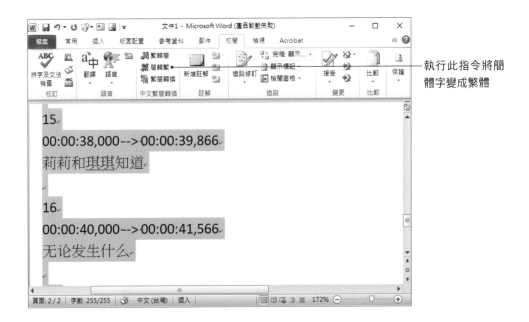

執行此指令將簡
體字變成繁體

再來複製轉成繁體的文字，然後回到 SRT 文件中「貼入」，並進行「儲存」。由於
SRT 檔案中已包含字幕和時間，所以在剪映軟體中利用「本地字幕」將 SRT 檔案匯
入即可。

2 切換到「本地
字幕」

3 按下「導入」
鈕

1 全選字幕塊，
按「Delete」
鍵刪除

4 點選剛剛儲存的字幕檔

5 按下「開啟」鈕

7 按「＋」鈕即可加入繁體字幕

8 由「基礎」標籤設定文字大小與樣式

6 播放磁頭放在最前端

7-3-7　影片輸出

　　現在我們已經將動畫影片製作完成，只要按下右上角的「導出」鈕，勾選「視訊導出」的選項，按下「導出」鈕，動畫故事的影片就大功告成囉！

Note

08

Midjourney AI 繪圖不同
類型提示詞的應用實例

在本章中，我們將深入探討 Midjourney AI 繪圖的不同類型提示詞的應用實例。各位可以進一步了解如何運用人工智慧技術來創造各種繪畫作品，並探索其多樣性。無論你是藝術家、設計師還是對創作充滿熱情的人，這些應用實例都將啟發你的創意，讓你達到更高水準的藝術表現。

8-1 藝術媒介

這裡我們先探討 Midjourney AI 繪圖在不同藝術媒介中的應用。藝術媒介包括傳統繪畫、油畫、水彩畫等，以及現代數位藝術。我們將示範如何使用提示詞來生成各種風格和技巧的藝術品。

要生成一幅傳統油畫風格的風景畫，可以使用以下提示詞：

提示詞

Landscape in oil painting style.
油畫風格的山水風景

要生成一幅具有水彩畫效果的花卉畫,可以使用以下提示詞:

提示詞

Watercolor Flowers
水彩畫風格的鮮花

要生成一幅現代抽象藝術風格的藝術品,可以使用以下提示詞:

提示詞

Modern Abstract Artworks
現代抽象風格的藝術作品

這些圖片輸出範例示範了 Midjourney AI 繪圖在不同藝術媒介中的應用，以及如何透過提示詞來生成特定風格和主題的藝術作品。

8-2 具體化

所謂「具體化」是指將抽象概念轉化為可見的形象或符號，這在藝術創作中扮演著重要的角色。這裡將示範如何使用提示詞來引導 AI 生成具體化的藝術作品，使觀眾能夠理解和共鳴這些想法。

要生成一幅具體化的自由之翼的畫作，可以使用以下提示詞：

提示詞

Wings of Liberty
自由之翼

要生成一幅具體化的抽象情感的畫作，可以使用以下提示詞：

abstract emotion
抽象情感

要生成一幅具體化的科學理論的畫作，可以使用以下提示詞：

The Art of Concretizing Science
Theory
科學理論的具體化藝術

這些圖片輸出範例顯示出 Midjourney AI 繪圖是如何具體化抽象概念，並將其轉化為可視的藝術品。透過提示詞的引導，你可以創造具有深度和意義的藝術作品，讓觀眾好好的理解和感受你的主題。

8-3　時光旅行

接下來我們來探討 Midjourney AI 繪圖在「時光旅行」方面的應用。時光旅行是一個引人入勝的主題，藉由藝術可以將觀眾帶入不同的時代、情境和情感體驗中，我們將示範如何使用提示詞來引導 AI 生成具有時光旅行主題的藝術作品，帶領觀眾穿越時光的奇妙旅程。

要生成一幅描述過去城市景色的畫作，可以使用以下提示詞：

提示詞

Time travel to old city views
時光旅行至古老城市的景色

要生成一幅表達未來科技的畫作，可以使用以下提示詞：

提示詞

The technological wonders of
the future world
未來世界的科技奇觀

要生成一幅呈現情感變遷的畫作，可以使用以下提示詞：

提示詞

Emotional Time Travel
情感的時光旅行

這些圖片輸出範例展現出 Midjourney AI 繪圖如何將時光旅行的概念轉化為視覺藝術，並讓觀眾感受到時間的流逝和情感的變遷。透過提示詞的運用，你可以打開一扇通往過去、未來和情感的大門，創造出令人難以忘懷的畫面。

8-4 表達情感

情感是藝術的靈魂，藝術家通常透過作品來表達各種情感，包括愛、喜悅、哀傷、憤怒、驚喜、沉思等，而藉由藝術作品，我們也可以表達各種情感。這裡我們將探討 Midjourney AI 繪圖在「表達情感」方面的應用，我們將示範如何使用提示詞來啟發 AI 生成具有情感深度的藝術作品，讓讀者能夠感同身受。

要生成一幅表達愛情的畫作，可以使用以下提示詞：

提示詞

Artistic expression of love
表達愛情的藝術作品

要生成一幅表達哀傷和悲傷情感的畫作，可以使用以下提示詞：

提示詞

A work of art of sadness
哀傷情感的藝術作品

要生成一幅表達喜悦和歡笑情感的畫作，可以使用以下提示詞：

提示詞

Joyful and emotional works of art
喜悦情感的藝術作品

要生成一幅表達憂鬱情感的畫作，可以使用以下提示詞：

提示詞

Melancholy Artwork
憂鬱情感的藝術作品

要生成一幅表達喜悅和愉悅的畫作，可以使用以下提示詞：

提示詞

A work of art that delights and delights
喜悅和愉悅的藝術作品

要生成一幅表達深思熟慮和冥想的畫作，可以使用以下提示詞：

提示詞

Thoughtful Artwork
深思熟慮的藝術作品

以上這些圖片範例展現出 Midjourney AI 繪圖如何將情感轉化為視覺藝術，並讓觀眾能夠感受到畫作中所傳達的情感。無論是哀傷的沉思還是愛的熱情，這些畫作都能觸動觀眾的情感，帶領他們進入情感的世界。

8-5　使用色彩

色彩是藝術中極具表現力的元素之一，它可以影響觀眾的情感、情緒和感受。此處我們將示範如何使用提示詞來引導 AI 生成充滿色彩的藝術作品，讓觀眾沉浸在豐富的視覺饗宴之中。

要生成一幅充滿暖色調的風景畫，可以使用以下提示詞：

Landscape painting with warm colors
溫暖色調的風景畫

要生成一幅充滿冷色調的抽象畫，可以使用以下提示詞：

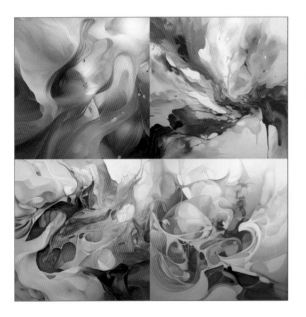

Abstract Art in Cool Colors
冷色調的抽象藝術

要生成一幅充滿鮮豔色彩的花卉畫，可以使用以下提示詞：

提示詞

Brightly colored flower paintings
鮮豔色彩的花卉畫

以上圖片的輸出展現出 Midjourney AI 繪圖如何運用色彩來創造不同風格和情感。透過提示詞的引導，你可以輕鬆控制畫作的色調和氛圍，以滿足特定的創作需求，並營造出引人入勝的視覺效果。

8-6　探索環境

環境是藝術作品中的關鍵元素之一，它可以是自然景觀、城市街道、室內場所或虛構世界。我們將示範如何使用提示詞引導 AI 生成各種環境場景的藝術作品，並探索不同的視覺風格和情感。

要生成一幅自然山水風景畫，可以使用以下提示詞：

Natural Landscape Painting
自然山水風景畫

要生成一幅城市街道風景畫，可以使用以下提示詞：

City Street Landscape Painting
城市街道風景畫

要生成一幅科幻世界的虛構場景，可以使用以下提示詞：

提示詞

Sci-Fi Fictional Scene
科幻虛構場景

以上這些圖片輸出範例展現出 Midjourney AI 繪圖如何將不同環境場景具體化為視覺藝術，並呈現出各種風格和情感。透過提示詞的巧妙運用，你可以輕鬆生成各種令人印象深刻的環境畫作，並帶領觀眾進入奇妙的探索之旅。

8-7 作品風格

在這個小節中，我們將探討 Midjourney AI 繪圖在「作品風格」方面的應用。藝術作品風格是藝術家獨特的創作風格和視覺特徵，可以反映出其獨特的藝術品味和個性。這裡將示範如何使用提示詞來引導 AI 生成不同風格的藝術作品，從印象主義到抽象藝術，讓觀眾欣賞多樣性的藝術風格。

要生成一幅印象主義風格的高山景緻，可以使用以下提示詞：

提示詞

Impressionistic Alpine Scenery
印象主義風格的高山景緻

要生成一幅抽象藝術風格的畫作，可以使用以下提示詞：

提示詞

Abstract Art Style Paintings
抽象藝術風格的畫作

要生成一幅寫實主義風格的肖像畫，可以使用以下提示詞：

提示詞

Realistic Portraits
寫實主義風格的肖像畫

這些圖片輸出範例展現出 Midjourney AI 繪圖如何根據不同的提示詞生成不同風格的藝術作品，呈現出多樣性的藝術風格。透過提示詞的選擇，你可以探索並創造符合特定風格需求的藝術品，展現出藝術家的多重才華。

8-8　光線

光線是繪畫中的關鍵元素之一，它可以賦予畫作深度、質感和氛圍。我們將示範如何使用提示詞引導 AI 生成具有引人入勝光線效果的藝術作品，讓觀眾能夠感受到光影的魅力。

要生成一幅夕陽下的沙灘風景畫，可以使用以下提示詞：

提示詞

Beach Landscape Painting at Sunset
夕陽下的沙灘風景畫

要生成一幅透過樹葉過濾的陽光效果畫作，可以使用以下提示詞：

提示詞

Effect of sunlight through leaves
陽光透過樹葉的效果畫

要生成一幅城市夜晚街道燈光效果畫作，可以使用以下提示詞：

提示詞

City Night Street Lighting Effect
城市夜晚街道燈光效果畫

這些圖片輸出範例展現出 Midjourney AI 繪圖如何根據不同的提示詞生成具有引人入勝光線效果的藝術作品，讓觀看者感受到光線帶來的視覺感官饗宴。透過提示詞的選擇，你可以輕鬆控制畫作中的光影，營造出多種令人驚嘆的視覺效果。

8-9 視角

視角是繪畫中極具重要性的元素之一，它可以改變觀眾對畫作的感知和情感回應。我們將示範如何使用提示詞引導 AI 生成不同視角的藝術作品，以探索視覺語言的多樣性和影響。

要生成一幅鳥瞰城市風景的畫作，可以使用以下提示詞：

提示詞

Bird's Eye View Cityscape Painting
鳥瞰城市風景畫

要生成一幅低角度拍攝的英雄式畫面，可以使用以下提示詞：

提示詞

Low Angle Heroic Screen
低角度英雄式畫面

要生成一幅透過窗戶欣賞室內風景的畫作，可以使用以下提示詞：

提示詞

Interior Landscape Painting
Through Window
透過窗戶的室內風景畫

　　這些圖片輸出範例展現出 Midjourney AI 繪圖如何根據不同的提示詞生成具有多樣視角的藝術作品，讓觀看者能夠體驗不同的觀看角度。透過提示詞的選擇，你可以輕鬆探索並呈現多樣性的視覺敘事。

Note

09

常見的藝術風格的
應用範例

藝術風格一直以來都是藝術創作的核心元素之一，不僅反映了不同時代和文化的特點，還為藝術家提供了表達自己的方式。在數位藝術和設計的領域中，模擬藝術風格已經成為一個令人興奮的技術，使藝術家和設計師能夠在其作品中運用各種風格元素。

這一章將探討一系列常見的藝術風格，並提供相關的應用範例，讓各位深入了解每種風格的特點，並透過實例演示如何應用這些風格元素，從而啟發各位在藝術和設計項目中使用這些風格的創意和可能性。讓我們開始這趟藝術之旅，探索這些令人興奮的藝術風格吧！

9-1　動漫風格（Anime Style）

動漫風格以其獨特的視覺風格和卡通元素而聞名，通常包括大眼睛、華麗的頭髮、明亮的色彩和清晰的輪廓。這種風格常見於日本動畫和漫畫，並且在全球廣受歡迎，它主要在強調人物的可愛和表情豐富。

要生成動漫風格的 AI 繪圖，可以使用以下提示詞：

■ Please create an anime style female character who is watching the sunset.
　請創作一個動漫風格的女性角色，她正在看著夕陽。

■ Generate an anime-style cityscape with cherry blossom trees and bright stars.
　產生一張動漫風格的城市風景，有櫻花樹和明亮的星星。

■ Make a cartoon style pet that should have big eyes and a cute smile.
　製作一個卡通風格的寵物，它應該有大眼睛和可愛的笑容。

動漫風格的 AI 繪圖範例：

使用上述提示詞，AI 將生成符合動漫風格的圖像，包括特徵明顯的角色或場景，以及清晰的線條和明亮的色彩。這些圖像可用於動畫、漫畫或其他與動漫風格相關的創作領域。

9-2 科技風格（Tech Style）

科技風格強調現代科技和數位化特徵，通常包括幾何形狀、光影效果和數位資源的運用，這種風格在現代設計和數位藝術中非常流行，它具有未來感和科技感。

要生成科技風格的 AI 繪圖，可以使用以下提示詞：

- Please create a technological cityscape that emphasizes high-tech architecture and brilliant lighting.
  請創作一個科技風格的城市景觀，強調高科技建築和流光溢彩的照明。

- Generate a tech-savvy robot image with bright geometric shapes and a digital interface.
  產生一張科技感滿滿的機器人圖像，帶有鮮明的幾何形狀和數位介面。

- Create a techno-style digital painting that incorporates digital and light effects.
  製作一個科技風格的數位畫作，融合了數位和光影效果。

科技風格的 AI 繪圖範例：

使用上述提示詞，AI 將生成符合科技風格的圖像，並突顯現代科技元素，例如幾何形狀、數位化紋理和高科技外觀等。這些圖像可用於科技產品設計、科幻藝術或現代數位藝術等領域。

9-3 復古風格（Retro Style）

復古風格強調從過去時代借鑒的元素，通常包括復古色調、老式的圖案和復古的外觀，這種風格可以帶人們回到過去，並賦予作品懷舊感。

要生成復古風格的 AI 繪圖，可以使用以下提示詞：

- Please create a vintage style beach scene using nostalgic color tones and old-fashioned filter effects.

  請創作一個復古風格的海灘景色，使用懷舊色調和老式濾鏡效果。

- Generate a family photo with a vintage camera effect to make it look like it was taken in the last century.

  產生一張具有復古相機效果的家庭照片，使它看起來像是上個世紀拍攝的。

- Create a vintage style poster using vintage fonts and vintage graphics to present the product.

  製作一張復古風格的廣告海報，使用復古字體和復古圖案來呈現產品。

復古風格的 AI 繪圖範例：

使用上述提示詞，AI 將生成符合復古風格的圖像，這些圖像將具有復古色調、老式紋理和懷舊的感覺，這種風格常用於復古風格海報、復古風格照片或其他需要懷舊感的設計領域。

9-4　國畫風格（Traditional Chinese Painting Style）

國畫風格源於中國傳統繪畫，它強調筆墨之美和意境的表達。這種風格常見於山水畫、花鳥畫等傳統中國畫作品，它注重筆觸、墨跡和畫面的寧靜感。

要生成國畫風格的 AI 繪圖，可以使用以下提示詞：

- Please create a Chinese-style landscape painting depicting mountains, rivers and old trees.
  請創作一幅國畫風格的山水畫，描繪山川河流和古樹。

- Produces a Chinese-style painting of flowers and birds, presenting the flowers and birds in a realistic brushstroke.
  產生一幅國畫風格的花鳥畫，以寫意的筆觸呈現花朵和小鳥。

- Produce a landscape painting with Chinese ink and watercolor, emphasizing the rocks and quiet lakes.

  製作一幅具有中國水墨畫特色的風景畫，強調山石和靜謐的湖泊。

國畫風格的 AI 繪圖範例：

使用上述提示詞，AI 將生成符合國畫風格的圖像，這些圖像將呈現出中國傳統繪畫的特點，包括筆觸的自由和墨跡的表達。這種風格可用於藝術作品、書法、文學插圖等不同領域，營造中國藝術的美感。

9-5 水彩風格（Watercolor Style）

水彩風格以其流動的色彩和柔和的紋理而著稱，通常模仿水彩畫作品的效果。這種風格特別適合表現柔和的色彩過渡和濕潤的質感。

要生成水彩風格的 AI 繪圖，可以使用以下提示詞：

- Please create a watercolor-style landscape painting depicting a lake and trees at sunset.

  請創作一幅水彩風格的風景畫，描繪夕陽下的湖泊和樹木。

- Generate a watercolor-style floral painting, featuring different types of flowers in soft colors.

  產生一幅水彩風格的花卉畫，以柔和的色彩呈現不同種類的花朵。

- Create a watercolor portrait of a person that looks like it was painted with watercolors.

  製作一幅水彩風格的人物畫像，使畫面看起來像是用水彩筆畫出的。

水彩風格的 AI 繪圖範例：

　　使用上述提示詞，AI 將生成符合水彩風格的圖像，這些圖像將具有柔和的色彩、流動的紋理和濕潤的質感，就像是真正的水彩畫作品。這種風格常用於藝術品、插畫、明信片等創意領域，以呈現溫柔和富有情感的效果。

9-6　素描風格（Sketch Style）

　　素描風格以其簡潔的筆觸和黑白色調而著名，通常呈現出類似手繪素描的效果。這種風格著重輪廓和線條，強調主題的形態和結構。

　　要生成素描風格的 AI 繪圖，可以使用以下提示詞：

- Please create a sketch style cityscape featuring buildings and streets.

  請創作一個素描風格的城市景觀，以建築物和街道為主題。

- Generate a sketch of a person to make it look hand-drawn, highlighting facial features and expressions.

  產生一張人物素描，讓它看起來像是手繪的，突顯面部特徵和表情。

- Create a sketch-style landscape painting featuring mountains and lakes, incorporating natural elements and details.

  製作一幅素描風格的風景畫，以山脈和湖泊為主題，融入自然元素和細節。

素描風格的 AI 繪圖範例：

使用上述提示詞，AI 將生成符合素描風格的圖像，這些圖像將具有簡潔的筆觸、黑白色調和突出的輪廓。這種風格常用於藝術創作、插畫、人像畫等領域，為作品帶來獨特的手繪感。

9-7 立體派風格（Cubism）

立體派風格以立體形態的多重視角和幾何形狀的拆解而著稱。這種風格強調同一物體或主題的多重角度，將其分解成幾何形狀的碎片，以呈現複雜的立體感。

要生成立體派風格的 AI 繪圖，可以使用以下提示詞：

- Please create a Cubist-style portrait of a person's face broken down into geometric segments.

  請創作一幅立體派風格的肖像畫，將人物的臉部分解為幾何形狀的片段。

- Generate a cubist-style painting of a cityscape, highlighting multiple buildings and streets from different viewpoints.

  產生一幅城市風景的立體派風格畫作，突顯多個建築物和街道的不同視角。

▪ Create a still life in the Cubist style, breaking the object into geometric parts to create a complex three-dimensionality.

製作一個立體派風格的靜物畫,將物體分解成多個幾何形狀的部分,呈現複雜的立體感。

立體派風格的 AI 繪圖範例:

使用上述提示詞,AI 將生成符合立體派風格的圖像,這些圖像將呈現出多重視角和幾何形狀的拆解,以創造複雜的立體感。這種風格常用於抽象藝術、肖像畫和風景畫等領域,以探索視覺的多樣性和抽象性。

9-8　超現實主義風格(Surrealism)

超現實主義是 20 世紀初的一種藝術風格,它將現實世界中的元素重新組合,創造出荒誕、不可思議和超越現實的場景,是一種強調夢境、幻想和非現實元素的藝術風格。它常常將不同的元素結合在一起,創造出超越現實的畫面,作品通常包括夢境般的場景、奇幻生物、非凡的視覺效果和不合理的元素。這種風格的目的在挑戰傳統的現實和邏輯,引發觀眾的幻想和思考。

要生成超現實主義風格的 AI 繪圖,可以使用以下提示詞:

▪ Please create a surrealistic dreamscape that combines different elements and scenes to break the boundaries of reality.

請創作一個超現實主義風格的夢境畫面,結合不同的元素和場景,打破現實界限。

- Generate a surrealist-style portrait that transforms the figure into an unusual creature or image.

  產生一幅超現實主義風格的人像畫，將人物轉變成不尋常的生物或形象。

- Create a surrealistic cityscape with fantastical elements and unlikely sights.

  製作一個超現實主義風格的城市風景，加入奇幻元素和不可能的景象。

超現實主義風格的 AI 繪圖範例：

　　使用上述提示詞，AI 將生成符合超現實主義風格的圖像，這些圖像將呈現出不同現實的結合、夢幻的情節和不可思議的畫面。這種風格常用於藝術創作、夢境呈現和意象的探索，以挑戰觀眾對現實的認知。

9-9　抽象風格（Abstract Style）

　　抽象風格強調對現實世界的簡化和抽象，通常不直接呈現可識別的物體或場景。這種風格注重形狀、色彩、紋理和線條的表達，以創造出抽象的、非具象的畫面。

　　要生成抽象風格的 AI 繪圖，可以使用以下提示詞：

- Please create a painting in an abstract style, featuring undefined shapes and bright colors to express emotions.

  請創作一幅抽象風格的畫作，以不明確的形狀和鮮豔的色彩為特徵，表達情感。

■ Generate an abstract style landscape painting, transforming the elements of nature into abstract textures and forms.

產生一幅抽象風格的風景畫，將大自然元素轉化為抽象的紋理和形態。

■ Produce an abstract style portrait, using line and color to express the emotion and personality of the subject.

製作一個抽象風格的肖像畫，使用線條和色彩來表達主題的情感和個性。

抽象風格的 AI 繪圖範例：

使用上述提示詞，AI 將生成符合抽象風格的圖像，這些圖像將呈現出非具象的形狀、大膽的色彩和情感的表達。這種風格常用於抽象藝術、現代藝術和表達主觀情感的藝術作品。

9-10　印象派風格（Impressionism）

印象派風格以捕捉瞬間光影和色彩變化而著名。這種風格通常呈現出模糊的筆觸、鮮豔的色彩和對光線效果的強調，以營造出一種即興和瞬間的感覺。

要生成印象派風格的 AI 繪圖，可以使用以下提示詞：

■ Please create an impressionistic landscape painting that captures the light and color variations of a natural scene.

請創作一幅印象派風格的風景畫，捕捉自然景色的光影和色彩變化。

- Generate an impressionistic cityscape featuring fleeting impressions of streets and buildings.

  產生一幅印象派風格的城市景觀，以街道和建築物的瞬間印象為主題。

- Create an impressionistic figure drawing that captures the portrait of the person and the momentary atmosphere of their surroundings.

  製作一個印象派風格的人物畫，捕捉人物的肖像和周圍環境的瞬間氛圍。

印象派風格的 AI 繪圖範例：

　　使用上述提示詞，AI 將生成符合印象派風格的圖像，這些圖像將呈現出捕捉瞬間光影和色彩變化的特徵，以營造出一種即興和瞬間的感覺。這種風格常用於藝術創作、風景畫和情感的表達，以呈現光和色彩的魅力。

9-11　表現主義風格（Expressionism）

　　表現主義風格以強烈的情感和情感表達為特點。這種風格通常將主觀感受和情感透過畫面表現出來，以濃烈的筆觸、色彩和形狀來呈現內在情感的外在表達。

　　要生成表現主義風格的 AI 繪圖，可以使用以下提示詞：

- Please create an expressionist style portrait that emphasizes the emotions and inner world of the subject.

  請創作一幅表現主義風格的肖像畫，強調主題的情感和內在世界。

- Generate an expressionist style abstract painting, using brushstrokes and colors to express emotions and feelings.

  產生一幅表現主義風格的抽象畫，以筆觸和色彩來表達情感和情緒。

- Producing a cityscape that expresses a sense of justice, transforming the busyness and emotion of the city into an emotional statement on canvas.

  製作一個表現主義風格的城市景觀，將城市的繁忙和情感轉化為畫布上的情感宣洩。

表現主義風格的 AI 繪圖範例：

　　使用上述提示詞，AI 將生成符合表現主義風格的圖像，這些圖像將呈現出強烈的情感和情感表達，以濃烈的筆觸、色彩和形狀來呈現內在情感的外在表達。這種風格常用於藝術創作、情感表達和情感的宣洩，以挑戰觀眾的情感體驗。

9-12　普普藝術風格（Pop Art Style）

　　普普藝術風格以大膽的色彩、平面化的圖像和流行文化元素為特點。此風格常將日常物品、名人、商品和大眾文化圖像轉化為藝術作品的主題，並使用鮮豔的色塊和明亮的對比色彩。

要生成普普藝術風格的 AI 繪圖，可以使用以下提示詞：

- Please create a Pop Art style painting featuring symbols and images from pop culture.

  請創作一幅普普藝術風格的畫作，以流行文化中的符號和圖像為主題。

- Generate a Pop Art style portrait using bright color blocks and print effects.

  產生一幅普普藝術風格的肖像畫，使用明亮的色塊和印刷效果。

- Create a pop art style merchandise ad that emphasizes the product and brand features and uses bold imagery.

  製作一個普普藝術風格的商品廣告，強調產品和品牌的特點，並使用大膽的圖像。

普普藝術風格的 AI 繪圖範例：

使用上述提示詞，AI 將生成符合普普藝術風格的圖像，這些圖像將呈現出大膽的色彩、平面化的圖像和流行文化元素，以呈現對大眾文化的反映和詮釋。這種風格常用於藝術創作、廣告和大眾文化的探討。

9-13　民族風格（Ethnic Style）　　　∨

　　民族風格是根據不同文化背景和民族傳統的藝術風格。這種風格通常反映特定民族的視覺元素、符號、紋飾和傳統圖案，以呈現文化多樣性和獨特性。

　　要生成民族風格的 AI 繪圖，可以使用以下提示詞：

- Please create an ethnic-style painting that reflects the visual elements and cultural characteristics of a particular ethnic group.
  請創作一幅民族風格的畫作，反映特定民族的視覺元素和文化特徵。

- Generate a traditional pattern in the style of an ethnic group, based on the motifs and symbols of that culture.
  產生一個民族風格的傳統圖案，以該文化的紋飾和符號為基礎。

- Producing a piece of artwork that incorporates the styles of different ethnic groups in order to show cultural diversity and harmony.
  製作一幅融合不同民族風格的藝術品，以呈現文化多樣性和和諧。

　　民族風格的 AI 繪圖範例：

　　使用上述提示詞，AI 將生成符合民族風格的圖像，這些圖像將呈現出特定民族的視覺元素、紋飾和符號，以反映文化多樣性和傳統的獨特性。這種風格常用於藝術創作、民族藝術和文化表達。

9-14 未來主義風格（Futurism）

未來主義風格強調科技、機械和現代化社會的特徵。這種風格通常以抽象的機械形狀、動態感、速度和現代建築為特點，呈現出對未來和科技的追求。

要生成未來主義風格的 AI 繪圖，可以使用以下提示詞：

▪ Please create a futuristic cityscape that emphasizes modern architecture and technological elements.

請創作一幅未來主義風格的城市景觀，強調現代化建築和科技元素。

▪ Generate a futuristic image of a mechanical robot, highlighting the future development of technology and machinery.

產生一張未來主義風格的機械機器人圖像，突顯科技和機械的未來發展。

▪ Producing an abstract painting in a futuristic style, with a theme of dynamism, speed and technological elements to represent the rhythms of modern society.

製作一幅未來主義風格的抽象畫，以動態感、速度和科技元素為主題，呈現現代社會的節奏。

未來主義風格的 AI 繪圖範例：

使用上述提示詞，AI 將生成符合未來主義風格的圖像，這些圖像將呈現出科技、機械和現代社會的特徵，以追求未來和現代化的理念。這種風格常用於藝術創作、科技藝術和現代文化的探討。

9-15 極簡風格（Minimalism）

極簡風格是一種簡約、精簡和抽象的藝術風格，以最少的元素和形式呈現最大的意義。這種風格通常以簡單的幾何形狀、純粹的色彩和極簡的結構為特點，強調對本質的追求。

要生成極簡風格的 AI 繪圖，可以使用以下提示詞：

■ Please create a minimalist artwork using simple geometric shapes and minimalist colors.
請創作一幅極簡風格的藝術品，使用簡單的幾何形狀和極簡的色彩。

■ Generate a minimalist landscape painting that presents natural landscapes in pure lines and forms.
產生一個極簡風格的風景畫，以純粹的線條和形式呈現自然景觀。

■ Producing an abstract painting in a minimalist style, emphasizing the minimalist pursuit of form and structure.
製作一幅極簡風格的抽象畫，強調對形式和結構的極簡追求。

極簡風格的 AI 繪圖範例：

  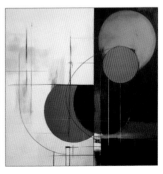

使用上述提示詞，AI 將生成符合極簡風格的圖像，這些圖像將呈現出簡約、精簡和抽象的特點，以最少的元素和形式表達最大的意義。這種風格常用於藝術創作、設計和藝術哲學的探討。

9-16　街頭藝術風格（Street Art Style）

　　街頭藝術風格是一種源於城市街頭的藝術表達方式，通常以塗鴉、塗鴉藝術、壁畫和街頭文化為特點。這種風格強調創意、自由和社會訴求，常常表達對社會議題和文化多樣性的關注。

　　要生成街頭藝術風格的 AI 繪圖，可以使用以下提示詞：

- Please create a street art style mural that reflects the cultural identity and values of the local neighborhood.
  請創作一幅街頭藝術風格的壁畫，反映當地社區的文化特徵和價值觀。

- Generate a street art style graffiti artwork that expresses a view of city life.
  產生一個街頭藝術風格的塗鴉藝術作品，以表達對城市生活的看法。

- Produced a street art style painting on a social issue, emphasizing concerns about inequality and environmental issues.
  製作一幅街頭藝術風格的社會議題畫作，強調對不平等和環境問題的關注。

　　街頭藝術風格的 AI 繪圖範例：

　　使用上述提示詞，AI 將生成符合街頭藝術風格的圖像，這些圖像將呈現出創意、自由和社會訴求的特點，並反映城市文化和社會議題的多樣性。這種風格常用於城市藝術、社會運動和文化表達。

9-17 幾何風格（**Geometric Style**）

幾何風格是一種強調幾何形狀和結構的藝術風格。它通常使用幾何圖形，如線條、方形、圓形和三角形，以及精確的幾何排列，以創造視覺上的秩序和平衡。

要生成幾何風格的 AI 繪圖，可以使用以下提示詞：

- Create a geometric artwork that uses square and round elements to emphasize the visual effect of geometric structures.

  創作一幅幾何風格的藝術品，使用方形和圓形元素，強調幾何結構的視覺效果。

- Generate a geometric style abstract painting characterized by precise geometric shapes and lines to create visual order.

  產生一幅幾何風格的抽象畫，以精確的幾何形狀和線條為特點，創造視覺秩序。

- Create a geometric landscape painting with geometric elements and geometric arrangements to present the geometric beauty of the real world.

  製作一幅幾何風格的風景畫，以幾何元素和幾何排列為主題，呈現現實世界的幾何之美。

幾何風格的 AI 繪圖範例：

使用上述提示詞，AI 將生成符合幾何風格的圖像，這些圖像將強調幾何形狀和結構，創造出視覺上的秩序和平衡。這種風格常用於藝術設計、建築和抽象藝術的創作。

9-18 神秘主義風格（Mysticism）

神秘主義風格強調超自然、靈性和神秘元素，它常常包括宗教符號、象徵和抽象的精神元素。這種風格的藝術作品，目的通常在探索宇宙的神秘面向，以及個人的靈魂和精神經驗。

要生成神秘主義風格的 AI 繪圖，可以使用以下提示詞：

- Create a mystical painting that includes religious symbols and mystical signs for a supernatural spiritual experience.

  創作一幅神秘主義風格的畫作，包括宗教符號和神秘的象徵，呈現超自然的靈性體驗。

- Generate an abstract painting in the style of mysticism, exploring the mysterious aspects of the universe and transforming them into works of art.

  產生一幅神秘主義風格的抽象畫，探索宇宙的神秘面向，並將它們轉化為藝術作品。

- Produce a mystical landscape painting that shows spiritual beauty and creates a sense of contemplation and transcendence.

  製作一幅神秘主義風格的風景畫，展現靈性之美，並營造一種沉思和超越現實的感覺。

神秘主義風格的 AI 繪圖範例：

使用上述提示詞，AI 將生成符合神秘主義風格的圖像，這些圖像將突顯超自然的靈性元素，並引領觀眾進入神秘的思考世界。這種風格常用於宗教藝術、靈性探索和象徵主義的創作。

9-19 新藝術風格（Art Nouveau） ∨

新藝術風格是一種在 19 世紀末至 20 世紀初興起的藝術風格，它強調曲線、植物圖案、女性形象和裝飾性元素。這種風格常常出現在建築、家具、珠寶、插圖和藝術品中，它追求藝術和自然的結合。

要生成新藝術風格的 AI 繪圖，可以使用以下提示詞：

- Create an Art Nouveau illustration that includes elegant curves and botanical motifs to showcase the beauty of decorative art.

  繪製一張新藝術風格的插圖，包括優雅的曲線和植物圖案，以展現裝飾性的藝術之美。

- Generate an Art Nouveau jewelry design that emphasizes femininity and natural elements to highlight the unique artistic style.

  產生一個新藝術風格的珠寶設計，強調女性形象和自然元素，以突顯獨特的藝術風格。

- Producing an Art Nouveau cityscape that blends architectural and natural elements to create an artistic and harmonious scene.

  製作一幅新藝術風格的城市風景畫，以建築和自然元素融合為一體，營造出藝術性和和諧的場景。

新藝術風格的 AI 繪圖範例：

使用上述提示詞，AI 將生成符合新藝術風格的圖像，這些圖像將強調曲線、植物圖案和裝飾性元素，展現出這種獨特的藝術風格之美。這種風格常用於設計、藝術和文化領域，並受到了許多藝術家和設計師的喜愛。

9-20　新古典主義風格（Neoclassicism）

新古典主義風格是 18 世紀末至 19 世紀初的藝術運動，強調古希臘和古羅馬藝術的元素。它追求對稱、和諧、理性和簡約，通常呈現出古典建築、裸體人物、神話主題和優雅的線條。這種風格常見於繪畫、雕塑、建築和家具設計中。

要生成新古典主義風格的 AI 繪圖，可以使用以下提示詞：

- Create a neo-classical historical scene including ancient Greek or Roman architecture, ancient mythological themes, and elegant figures.
  創作一幅新古典主義風格的歷史場景畫，包括古希臘或古羅馬的建築、古代神話主題和優雅的人物形象。

- Generating a neo-classical sculptural design that incorporates elements of ancient art, showing the beauty of symmetry and harmony.
  產生一個新古典主義風格的雕塑設計，融合古代藝術的元素，展現出對稱和和諧之美。

- Create a neo-classical interior design that includes classical architectural elements, carvings and clean lines to present a classic and noble atmosphere.

製作一張新古典主義風格的室內設計圖，包括古典建築元素、雕刻和簡潔的線條，以呈現經典和高貴的氛圍。

新古典主義風格的 AI 繪圖範例：

使用上述提示詞，AI 將生成符合新古典主義風格的圖像，這些圖像將強調古典建築、古代神話主題和優雅的線條，呈現出這種藝術風格的經典之美。新古典主義風格在歷史、藝術和建築領域具有重要地位，並反映了對古代文化的崇敬和啟發。

9-21　野獸派風格（Fauvism）

野獸派風格是 20 世紀初的藝術運動，主張對色彩的強烈運用，通常忽略物體的自然顏色，而是使用鮮明、非現實的色彩，以表達情感和感覺。這種風格的畫作充滿了生動和抽象的元素，通常使用濃烈的紅色、綠色、藍色等鮮豔的色彩。

要生成野獸派風格的 AI 繪圖，可以使用以下提示詞：

- Create a fauvist style abstract painting that emphasizes bright colors and unrealistic images.

創作一幅野獸派風格的抽象畫，強調鮮豔的色彩和非現實的畫面。

- Generate a Fauvist-style landscape painting that uses bright colors and vivid brushstrokes to show the power of the natural landscape.

  產生一幅野獸派風格的風景畫，使用明亮的色彩和生動的筆觸，以展現自然景觀的力量。

- Produce a Fauvist-style portrait, using unconventional colors to highlight the emotions and qualities of the subject.

  製作一張野獸派風格的肖像畫，使用非傳統的色彩，突顯被繪畫人物的情感和特質。

野獸派風格的 AI 繪圖範例：

透過上述提示詞，AI 將生成符合野獸派風格的畫作，以鮮豔的色彩和抽象的元素表達情感和感覺。野獸派風格強調色彩的激情和生命力，是一種具有挑戰性和獨特性的藝術風格，常常讓觀眾感受到色彩的力量和情感的共鳴。

9-22 點彩派風格（Pointillism）

點彩派是一種後印象派的藝術風格，它以小而密集的點（例如點狀筆觸）來繪製畫作，這些點在遠處觀看時會混合在一起，形成較大的圖像。點彩派的畫作充滿光線、色彩和細節，藉由點的排列和色彩的混合，創造出令人印象深刻的畫面。

要生成點彩派風格的 AI 繪圖，可以使用以下提示詞：

- Create a pointillist style landscape painting with small dotted brushstrokes to create the effect of translucent light.

  創作一幅點彩派風格的風景畫，以小點狀筆觸營造出光線透射的效果。

- Create a pointillist-style still life, emphasizing subtle color variations and light and shadow effects.

  產生一張點彩派風格的靜物畫，強調細微的色彩變化和光影效果。

- Produces a pointillist-style portrait, using small dots to express the characteristics and emotions of the person being painted.

  製作一幅點彩派風格的肖像畫，使用小點狀筆觸表現被繪畫人物的特徵和情感。

點彩派風格的 AI 繪圖範例：

　這些提示詞將有助於 AI 以點彩派風格生成畫作，透過小點的細緻筆觸來表達光線、色彩和細節，呈現出這種獨特的藝術風格。點彩派強調觀眾的遠近觀感，使觀賞者可以在不同距離下體驗到畫作的美感。

9-23　構成主義風格（Constructivism）

　　構成主義是 20 世紀初蘇聯和俄羅斯的一種現代藝術風格，強調幾何形狀、抽象性和機械感。這種風格常常使用平面和立體元素來打造具有功能性和實用性的設計，並強調材料、結構和工業過程的重要性。構成主義作品通常充滿動感，並使用明亮的色彩和簡單的形狀。

　　要生成構成主義風格的 AI 繪圖，可以使用以下提示詞：

- Create a Constructivist style poster that represents an idea or movement in geometric shapes and bright colors.

  繪製一張構成主義風格的宣傳海報，以幾何形狀和鮮明的色彩表現一個理念或運動。

- Producing a sculpture in the form of a monumental sculpture in an ideological style, using steel and other industrial materials to demonstrate modernity and functionality.

  製作一個構成主義風格的立體雕塑，以鋼鐵和其他工業材料展現現代性和功能性。

- The result is a Constructivist style cityscape that presents an abstract aesthetic of skyscrapers, railroads and machinery.

  產生一幅構成主義風格的城市風景畫，呈現出高樓大廈、鐵路和機械設施的抽象美感。

　　構成主義風格的 AI 繪圖範例：

這些提示詞將有助於 AI 以構成主義風格生成畫作，強調幾何形狀、抽象性和工業感，並使用鮮明的色彩和簡單的結構，呈現這一獨特的藝術風格。構成主義強調現代性和實用性，並透過藝術表達對技術和工業的讚美。

9-24 達達主義風格（Dadaism）

達達主義是 20 世紀初的一種反傳統、反藝術的藝術風格，強調藝術家的創意自由和反抗。這種風格通常表現為荒謬、無秩序和出人意料的方式，並將日常物品轉化為藝術品。達達主義的作品常常涉及政治和社會議題，並以諷刺和嘲笑來表達對當時社會狀況的不滿。

要生成達達主義風格的 AI 繪圖，可以使用以下提示詞：

▪ To create a Dadaist-style painting that expresses the chaos and absurdity of modern life by combining disparate objects.

創作一幅達達主義風格的畫，透過將不相干的物體組合在一起，表達出現代生活的混亂和荒謬。

▪ With the theme of political satire, a Dadaist-style poster is produced to express the dissatisfaction and ridicule of the current political situation.

以政治諷刺為主題，製作一張達達主義風格的海報，表達對當今政治局勢的不滿和譏笑。

▪ Transforming everyday objects into Dadaist-inspired artworks that explore the extraordinary and the absurd in the ordinary.

將日常物品轉化為達達主義風格的藝術品，探索尋常事物的非凡和荒誕之處。

達達主義風格的 AI 繪圖範例：

　　這些提示詞將有助於 AI 以達達主義的方式生成畫作，透過荒謬、無秩序和政治諷刺來表達思想。達達主義是一種突破傳統的藝術風格，鼓勵藝術家以非傳統和反抗性的方式表達自己。

9-25　幻想風格（Fantasy Style）

　　幻想風格藝術是以奇幻、神奇和夢幻為主題的藝術風格。它通常包括了各種不真實的元素，如魔法生物、魔法世界、童話故事場景等。這種風格的藝術作品經常讓人感到夢幻和不可思議，引發觀眾的想像力和奇妙的冒險感。

　　要生成幻想風格的 AI 繪圖，可以使用以下提示詞：

- Create a fantasy-style painting featuring magical creatures, enchanted forests, and fantastical castles.
  創作一幅幻想風格的畫作，其中包括神奇生物、魔法森林和奇幻城堡。

- A piece of art inspired by fairy tales with a sense of magic and adventure.
  以童話故事為靈感，製作一幅具有魔法和冒險感的藝術作品。

- Please incorporate the scenes and elements of the dream world into your paintings so that the audience can feel the mystery and wonder.
  請將夢幻世界的場景和元素融入到畫作中，讓觀眾感受到神秘和奇妙。

幻想風格的 AI 繪圖範例：

　　這些提示詞將有助於 AI 以幻想風格生成畫作，呈現出夢幻和不真實的場景，讓觀眾進入一個充滿冒險和神奇的世界。這種藝術風格常用於描繪童話故事、魔法世界和幻想冒險的場景。

9-26　哥德式風格（Gothic Style）

　　哥德式風格是一種歷史悠久且具有獨特氛圍的藝術風格，通常與中世紀的建築和藝術相關。它以陰暗、神秘、複雜的特點而聞名，常見於大教堂建築、壁畫和雕塑中。哥德式風格的藝術作品經常包括尖拱、飛檐、線條細節、浮雕和暗黑色調，營造出一種神秘和神聖的感覺。

　　要生成哥德式風格的 AI 繪圖，可以使用以下提示詞：

- Create a Gothic-style cathedral scene, emphasizing its shadowy atmosphere and intricate details.
  創作一個哥德式風格的大教堂場景，強調其陰暗的氛圍和複雜的細節。

- Please incorporate elements of medieval Gothic architecture into your artwork, including pointed arches, window panes and flying buttresses.
  請將中世紀哥德式建築元素融入到藝術作品中，包括尖拱、花窗玻璃和飛檐。

- Create a painting in the Gothic style with dark black tones to emphasize its mystery and complexity.

以哥德式風格創作一幅暗黑色調的畫作，突顯它的神秘感和複雜性。

哥德式風格的 AI 繪圖範例：

這些提示詞將有助於 AI 以哥德式風格生成畫作，呈現出陰暗且神秘的特點，並突顯複雜的建築細節。這種藝術風格常用於描繪中世紀的建築和宗教場所，以及具有神秘氛圍的場景。

9-27 巴洛克風格（Baroque Style）

巴洛克風格是 17 世紀晚期至 18 世紀初期的一種藝術風格，它以豐富的裝飾、複雜的線條、戲劇性的效果和情感表達而聞名。巴洛克風格常見於宗教和宮廷藝術，包括大教堂的建築、壁畫、雕塑和音樂。強調情感的強烈表達，常伴隨著豪華和華麗的裝飾。

要生成巴洛克風格的 AI 繪圖，可以使用以下提示詞：

- Please paint a palace scene in Baroque style to emphasize its splendor and magnificence.

請以巴洛克風格繪製一個皇宮場景，突顯其華麗和宏偉。

■ To create a huge cathedral in the Baroque style, emphasizing its decoration and
emotional expression.

以巴洛克風格創作一座巨大的大教堂，強調其裝飾和情感表達。

■ Create a dramatic and emotional Baroque painting that emphasizes ornate
decoration and intricate lines.

產生一幅充滿戲劇性和情感的巴洛克風格畫作，強調華麗的裝飾和複雜的線條。

巴洛克風格的 AI 繪圖範例：

這些提示詞將有助於 AI 以巴洛克風格生成畫作，呈現出戲劇性、情感豐富的特
點，並突顯裝飾和華麗的元素。巴洛克風格常用於描繪宮廷和宗教場所，以及突顯
情感和戲劇性的主題。

9-28　洛可可風格（**Rococo Style**）

洛可可風格是 18 世紀晚期的一種藝術風格，它強調優雅、輕盈和精緻的裝飾。
這個風格的特色包括優美的曲線、精緻的花卉和裝飾性的元素，通常用於宮廷和貴
族社會的室內設計、家具、服飾和畫作。

要生成洛可可風格的 AI 繪圖，可以使用以下提示詞：

▪ An elegant rococo style banquet scene, highlighting the delicate decorations and curves.

以洛可可風格繪製一個優雅的貴族宴會場景，突顯精緻的裝飾和曲線。

▪ Please create a portrait of a woman in the Rococo style, emphasizing elegance and refinement.

請創作一幅洛可可風格的女性肖像畫，強調優雅和精緻。

▪ A beautifully painted view of the palace garden in the Rococo style, including flowers and decorative elements.

以洛可可風格繪製一張精美的宮廷花園景觀，包括花卉和裝飾性元素。

洛可可風格的 AI 繪圖範例：

這些提示詞將有助於 AI 以洛可可風格生成畫作，呈現出優雅、輕盈和精緻的特點，並突顯曲線和裝飾性的元素。洛可可風格常用於描繪貴族和宮廷生活，以及強調優雅和豪華的場景。

10

世界知名的藝術大師
應用範例

藝術是人類文明的瑰寶之一，它代表了創造力、想像力和情感的結晶。藝術大師們的作品不僅在其所處的時代贏得了廣大讚譽，也在後世留下了深遠的影響。在本章中，我們將探索一些世界知名的藝術大師及其應用範例。這些藝術家們的作品不僅具有藝術價值，還對我們的文化、科學和社會生活產生了重要影響。讓我們一起了解他們的世界，探索他們的藝術作品，當你了解各時期的特點及藝術家的特有風格、繪畫筆觸等，就可以將這些作畫風格應用在你的創作之中，讓你在生成圖片時更事半功倍。

10-1 文藝復興時期

文藝復興時期是藝術史上的一個重要時代，以其對藝術和文化的重大貢獻而聞名。在這個時期，有許多著名的藝術大師，包括李奧納多·達文西、米開朗基羅和拉斐爾，他們的作品至今仍然受到廣大讚譽。以下是有關這些大師的特色說明、提示詞和圖片輸出範例。

10-1-1 李奧納多·達文西（Leonardo da Vinci）

李奧納多·達文西是文藝復興時期的全能藝術家，他既是優秀的畫家，又是優秀的科學家和工程師。他的作品充滿了精細的細節和科學知識，常常展現出自然界的美。

要生成李奧納多·達文西風格的 AI 繪圖，可以使用以下提示詞：

■ Create a painting, in the style of Leonardo da Vinci, depicting a marvelous scene in nature, including detailed plants and animals, as well as elements of science.

創作一幅畫，具有李奧納多·達文西風格，描繪自然中的一個奇妙場景，包括詳細的植物和動物，以及科學的元素。

圖片輸出範例

10-1-2　米開朗基羅（Michelangelo）

　　米開朗基羅是一位傳奇的文藝復興雕刻家和畫家，他以其壯麗的雕塑和壁畫而聞名，作品充滿了宗教和神話的主題，具有豐富的解釋性和情感。

　　要生成米開朗基羅風格的 AI 繪圖，可以使用以下提示詞：

- Create a painting, in the style of Michelangelo, depicting an ancient Roman mythological scene, including strong emotional expression and magnificent architectural details

　　創作一幅畫，具有米開朗基羅風格，描繪一個古羅馬神話場景，包括強烈的情感表現和壯麗的建築細節。

圖片輸出範例

10-1-3 拉斐爾（Raphael）

拉斐爾是文藝復興時期的一位卓越畫家，他的作品充滿了平衡和和諧，以及對人物形象的精湛表現。他在宗教畫和人物畫方面都有出色的成就。

要生成拉斐爾風格的 AI 繪圖，可以使用以下提示詞：

- Create a painting, in the Raphaelian style, depicting a religious scene or a portrait of a person, emphasizing harmony, balance, and mastery of character.
  創作一幅畫，具有拉斐爾風格，描繪一個宗教場景或一個人物肖像，強調和諧、平衡和人物的精湛表現。

圖片輸出範例

10-2　巴洛克時期 ⌄

　　巴洛克時期是歐洲藝術史上的一個精彩時代，以它的豐富情感表達和豪華裝飾而聞名。在這個時期，有許多著名的藝術大師，包括卡拉瓦喬和彼得·保羅·魯本斯，他們的作品充滿了戲劇性和宏偉。

10-2-1　卡拉瓦喬（Caravaggio）

　　卡拉瓦喬是巴洛克時期的畫家，他以其強烈的對比明暗和現實主義風格而著名。他的作品常常展現出戲劇性場景和強烈的情感。

要生成卡拉瓦喬風格的 AI 繪圖，可以使用以下提示詞：

- Create a painting in the style of Caravaggio, depicting a dramatic scene, emphasizing contrasts of light and dark and realism, showing strong emotions.
  創作一幅畫，具有卡拉瓦喬風格，描繪一個戲劇性場景，強調對比明暗和現實主義，展現出強烈的情感。

圖片輸出範例

10-2-2　彼得・保羅・魯本斯（Peter Paul Rubens）

彼得・保羅・魯本斯是巴洛克時期的畫家，以其豪華的裝飾和宏偉的風格而著稱。他的作品常常描繪豐富的人物和場景。

要生成魯本斯風格的 AI 繪圖，可以使用以下提示詞：

■ Create a painting, in the style of Peter Paul Rubens, depicting a grandiose scene, including richly detailed figures and decorations, displaying the luxury and grandeur of the Baroque style.

創作一幅畫,具有彼得·保羅·魯本斯風格,描繪一個宏偉的場景,包括豐富的人物和裝飾,展現出巴洛克風格的奢華和豪華。

圖片輸出範例

10-3 浪漫主義時期

浪漫主義時期是藝術史上一個充滿情感和想像力的時代,藝術家們追求自由、個性和對自然的熱愛。在這個時期,有許多著名的藝術大師,包括尤金·德拉克洛瓦和法蘭西斯科·戈雅,他們的作品充滿了浪漫主義的特徵。

10-3-1 尤金·德拉克洛瓦（Eugène Delacroix）

尤金·德拉克洛瓦是浪漫主義時期的畫家，以其情感激烈和色彩豐富的風格而著名。他的作品常常描繪歷史場景和戰爭情景，展現出強烈的情感。

要生成德拉克洛瓦風格的 AI 繪圖，可以使用以下提示詞：

■ Create a painting, in the style of Eugene Delacroix, depicting a battle scene or an intense historical event, highlighting the emotional intensity and richness of color.
創作一幅畫，具有尤金·德拉克洛瓦風格，描繪一個戰爭場景或激烈的歷史事件，突顯出情感激烈和色彩豐富的特徵。

圖片輸出範例

10-3-2 法蘭西斯科 · 戈雅（Francisco Goya）

法蘭西斯科 · 戈雅是浪漫主義時期的畫家，他的作品充滿了黑暗和幻想，通常反映社會和政治的議題。他的風格非常個性化，充滿了神秘感。

要生成戈雅風格的 AI 繪圖，可以使用以下提示詞：

■ Create a painting, in the style of Francisco Goya, depicting a dark and fantastical scene, reflecting social or political issues, presenting a sense of mystery and individuality.

創作一幅畫，具有法蘭西斯科 · 戈雅風格，描繪一個充滿黑暗和幻想的場景，反映社會或政治議題，呈現出神秘感和個性化風格。

圖片輸出範例

10-4　現實主義時期 ⌄

現實主義時期是 19 世紀的一個重要藝術運動，藝術家們傾向於描繪現實生活和社會景觀，強調真實性和日常生活的呈現。在這個時期，有許多著名的藝術大師，包括古斯塔夫‧庫爾貝和尚 - 法蘭索瓦‧米勒，他們的作品充滿了現實主義的特徵。

10-4-1　古斯塔夫‧庫爾貝（Gustave Courbet）

古斯塔夫‧庫爾貝是現實主義運動的代表，他傾向於描繪普通人的生活和自然景觀，並注重真實感和自然光的運用。

要生成庫爾貝風格的 AI 繪圖，可以使用以下提示詞：

- Create a painting in the style of Gustave Courbet, depicting a natural landscape or rural scene, with an emphasis on realism and the use of natural light, demonstrating the characteristics of realism.

創作一幅畫，具有古斯塔夫‧庫爾貝風格，描繪一個自然景觀或農村場景，注重真實感和自然光的運用，展現出現實主義的特徵。

圖片輸出範例

10-4-2　尚 - 法蘭索瓦‧米勒（Jean-François Millet）

尚 - 法蘭索瓦‧米勒是現實主義畫家，他以描繪農村生活和農民的勞動場景而聞名，作品強調農民的辛勞和生活的現實。

要生成米勒風格的 AI 繪圖，可以使用以下提示詞：

- Create a painting in the style of Jean-François Millet, depicting a rural scene or the life of a farmer, emphasizing the hard work of the farmer and the realities of life, showing the characteristics of realism.

  創作一幅畫，具有尚 - 法蘭索瓦‧米勒風格，描繪一個農村場景或農民的生活，強調農民的辛勞和生活的現實，展現出現實主義的特徵。

圖片輸出範例

10-5　印象派時期　⌄

　　印象派時期是 19 世紀末的一個藝術運動，藝術家們傾向於捕捉光線和色彩的瞬間變化，強調對自然景觀的個人感受和印象。在這個時期，有許多著名的藝術大師，包括克勞德‧莫內和皮耶 - 奧古斯特‧雷諾瓦，他們的作品充滿了印象派的特徵。

10-5-1　克勞德‧莫內（Claude Monet）

　　克勞德‧莫內是印象派運動的先驅，他專注於捕捉光線和色彩在不同時間和環境下的變化。他的畫作充滿了明亮的色彩和光的效果。

要生成莫內風格的 AI 繪圖，可以使用以下提示詞：

■ Create a painting, in the style of Claude Monet, depicting an outdoor landscape, emphasizing the variations in light and color, and the bright colors of the natural landscape.

創作一幅畫，具有克勞德‧莫內風格，描繪一個戶外風景，強調光線和色彩的變化，以及自然景觀的明亮色彩。

圖片輸出範例

10-5-2 皮耶 - 奧古斯特‧雷諾瓦（Pierre-Auguste Renoir）

皮耶 - 奧古斯特‧雷諾瓦是印象派藝術家之一，他的畫作以柔和的色調、優雅的女性形象和生動的情感而著稱。

要生成雷諾瓦風格的 AI 繪圖，可以使用以下提示詞：

- Create a painting, in the style of Pierre-Auguste Renoir, depicting an outdoor scene or an elegant woman, emphasizing soft tones, vivid emotions, and graceful imagery.
  創作一幅畫，具有皮耶 - 奧古斯特·雷諾瓦風格，描繪一個戶外場景或優雅的女性，強調柔和的色調、生動的情感和優雅的形象。

圖片輸出範例

10-6　後印象派時期

　　後印象派時期是藝術史上一個充滿個性和創意的時代，藝術家們追求表現內在情感和對色彩的獨特理解。在這個時期，有許多著名的藝術大師，包括文森·梵谷和保羅·高更，他們的作品充滿了後印象派的特徵。

10-6-1　文森特‧梵谷（Vincent van Gogh）

文森‧梵谷是後印象派畫家，以其獨特的筆觸和強烈的色彩而著名。他的畫作充滿了情感和內在的表現。

要生成梵谷風格的 AI 繪圖，可以使用以下提示詞：

■ Create a painting in the style of Vincent Van Gogh, depicting a landscape or still life, with an emphasis on unique brushwork and strong colors that express inner emotions.

創作一幅畫，具有文森特‧梵谷風格，描繪一個風景或靜物，強調獨特的筆觸和強烈的色彩，表達內在情感。

圖片輸出範例

10-6-2　保羅‧高更（Paul Gauguin）

保羅‧高更是後印象派畫家，他以描繪異國情調和夢幻場景而著名。他的畫作充滿了明亮的色彩和具象化的元素。

要生成高更風格的 AI 繪圖，可以使用以下提示詞：

- Create a painting in the style of Paul Gauguin, depicting an exotic scene or dreamscape, with an emphasis on bright colors and figurative elements.

  創作一幅畫，具有保羅‧高更風格，描繪一個異國情調的場景或夢幻景象，強調明亮的色彩和具象化的元素。

圖片輸出範例

10-7 立體主義時期

立體主義時期是 20 世紀初的一個重要藝術運動，它以將物體分解為基本幾何形狀和多角度的觀點來呈現事物，強調對空間和立體感的探索。在這個時期，有許多著名的藝術大師，包括畢卡索和喬治·布拉克，他們的作品充滿了立體主義的特徵。

10-7-1 畢卡索（Pablo Picasso）

畢卡索是立體主義運動的重要代表，他的畫作常常以多角度和分解的形式呈現事物，強調空間和立體感的表達。

要生成畢卡索風格的 AI 繪圖，可以使用以下提示詞：

- Create a painting, in the style of Picasso, depicting an object or scene, breaking it down into multiple angles and geometric shapes, emphasizing three-dimensionality and spatial representation.

創作一幅畫，具有畢卡索風格，描繪一個物體或場景，將它分解為多角度和幾何形狀，強調立體感和空間的表現。

圖片輸出範例

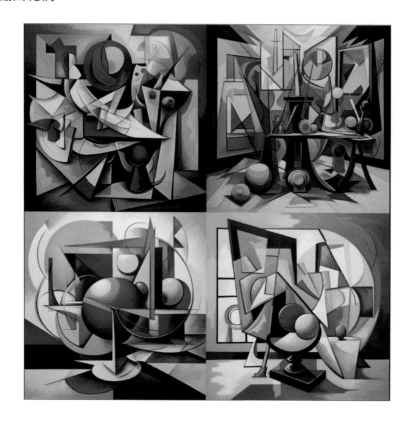

10-7-2　喬治‧布拉克（Georges Braque）

喬治‧布拉克是立體主義運動的重要藝術家之一，他的畫作強調了幾何形狀和多重視角的結合，探索了物體的多層次性。

要生成布拉克風格的 AI 繪圖，可以使用以下提示詞：

▪ Create a painting, in the style of George Braque, that depicts an object or scene, incorporating geometric shapes and multiple perspectives, exploring its multilayered nature.

創作一幅畫，具有喬治‧布拉克風格，描繪一個物體或場景，融合幾何形狀和多重視角，探索其多層次性。

圖片輸出範例

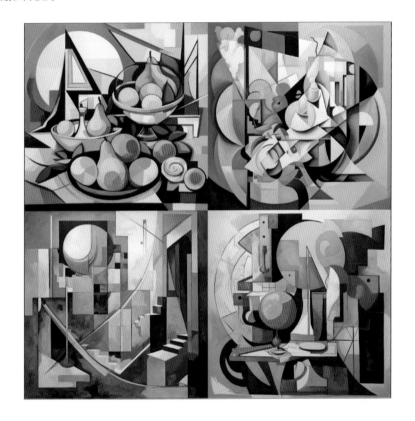

10-8 抽象表現主義時期

　　抽象表現主義時期是 20 世紀中期的一個重要藝術運動，它強調藝術的自由表達和情感，藝術家們常常以抽象的方式呈現內心世界。在這個時期，有許多著名的藝術大師，包括傑克森·帕洛克和馬克·羅斯科，他們的作品充滿了抽象表現主義的特徵。

10-8-1　傑克森·帕洛克（Jackson Pollock）

　　傑克森·帕洛克是抽象表現主義的代表，他以滴灑和抽象的技巧而著名，作品充滿了動態和情感。

要生成帕洛克風格的 AI 繪圖，可以使用以下提示詞：

- Create a painting in the style of Jackson Pollock, using dripping and abstract techniques to express the free flow of movement and emotion.

  創作一幅畫，具有傑克森‧帕洛克風格，使用滴灑和抽象的技巧，表現動態和情感的自由流動。

圖片輸出範例

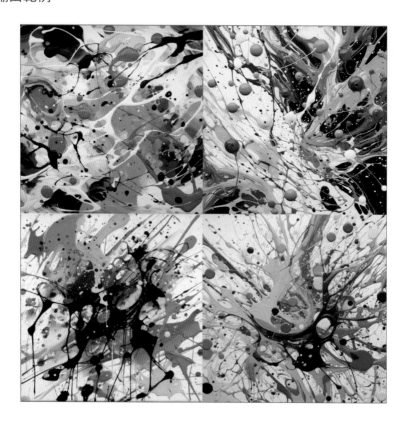

10-8-2 馬克‧羅斯科（Mark Rothko）

馬克‧羅斯科是抽象表現主義的重要藝術家之一，他的作品常常以多層次的色彩區塊和情感表達而著稱。

要生成羅斯科風格的 AI 繪圖，可以使用以下提示詞：

■ Create a painting in the style of Mark Rothko, using multi-layered blocks of color to express an abstract representation of emotion and the inner world.

創作一幅畫，具有馬克·羅斯科風格，使用多層次的色彩區塊，表現情感和內心世界的抽象表現。

圖片輸出範例

10-9　現代及當代藝術

　　現代及當代藝術時期是藝術發展中極具多樣性和創新的階段，各種風格和媒介被藝術家大膽嘗試。在這個時期，有許多著名的藝術大師，包括安迪·沃荷和法蘭西斯·培根，他們的作品具有多樣性和獨創性。

10-9-1 安迪·沃荷（Andy Warhol）

安迪·沃荷是現代及當代藝術的代表，他以平面設計、普普藝術和肖像畫而著名，作品充滿了大膽的顏色和大眾文化的元素。

要生成沃荷風格的 AI 繪圖，可以使用以下提示詞：

■ Create a painting, in the style of Andy Warhol, featuring bold colors and elements of popular culture, which could be a Pop Art-style portrait or any bold graphic design.

創作一幅畫，具有安迪·沃荷風格，以大膽的顏色和大眾文化元素為特點，可以是一幅普普藝術風格的肖像畫或任何大膽的平面設計。

圖片輸出範例

10-9-2　法蘭西斯·培根（Francis Bacon）

法蘭西斯·培根是現代及當代藝術的突破性畫家，他的畫作充滿了情感、變形和混亂的元素，經常涉及人物畫和解構主義風格。

要生成培根風格的 AI 繪圖，可以使用以下提示詞：

- Create a painting, in the style of Francis Bacon, depicting a figure drawing or scene with elements of emotion, metamorphosis, and chaos, characteristic of the deconstructionist style.

創作一幅畫，具有法蘭西斯·培根風格，描繪一個具有情感、變形和混亂元素的人物畫或場景，呈現解構主義風格的特徵。

圖片輸出範例

10-10 活用藝術家風格

當各位對於各個時期的藝術家的風格有所了解，你可以將他們的特點應用到你想生成的圖片之中。下面我們以實例應用跟各位做說明。

10-10-1 以圖生成主人物，背景加入藝術家特點

以上圖為例，筆者希望在小男孩的後方可以展現出像古羅馬時代的建築畫面，那麼我們可以使用以圖生圖的方式，把你想要的主角類型上傳給 Midjourney 參考。而在各個藝術家當中，以米開朗基羅（Michelangelo）的作品中最常有古羅馬場景的雕塑和壁畫，所以我們可以要求 Midjourney 將背景生成具有米開朗基羅風格的古羅馬場景。

提示詞

■ Using the characters as protagonists, the background is created as an ancient Roman scene in the style of Michelangelo to bring out the magnificent architectural details.

以畫面中的人物為主角，將其背景生成具有米開朗基羅風格的古羅馬場景，使顯現壯麗的建築細節。

生圖技巧

在 Midjourney 中，我們先按 ⊕ 鈕上傳圖片，把圖片和提示詞一起加入至 Prompt 中，即可生成圖片。

2 選擇「上傳檔案」指令

1 按此鈕

3 點選圖片

4 按此鈕

5 輸入點在此的情況下按下「Enter」鍵，使上傳圖檔

圖片已顯示在 **Midjourney** 之中

6　在此輸入「/」

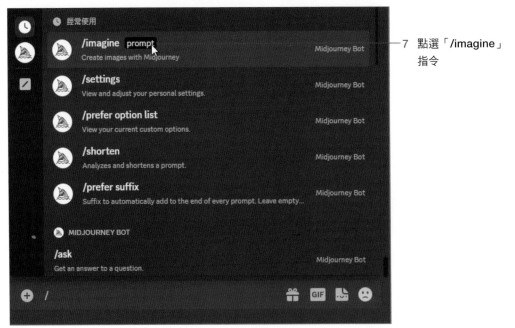

7　點選「/imagine」指令

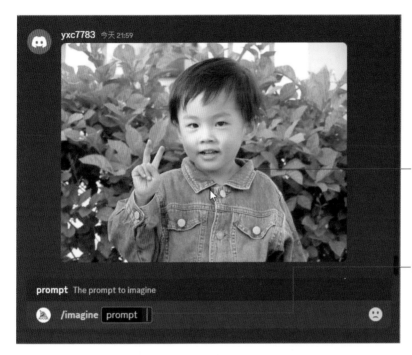

8 按住圖片不放

9 拖曳至 **prompt** 欄框中,就會將圖片網址加入提示詞中

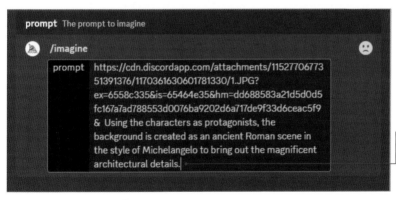

10 空一格後,將提示詞貼入,按下「**Enter**」鍵

— 11 生成的圖片就會看到一個穿著牛
仔衣的男孩站在古羅馬建築物的
前面

10-10-2　善用 Remix Mode 與 Vary 編修畫面

在生成的畫面中，如果有美中不足的地方，我們可以善用 Remix Mode 與 Vary 來
進行畫面的修正。

如上所生成的四張畫面，假如右下方的圖是你比較滿意的圖，但是美中不足的是右側出現了一個穿紅衣的路人甲，那麼我們可以先按「U4」鈕使其生成大圖，如此一來，生成的大圖下方會顯示變化鈕，如左上圖所示。

另外，請選擇「/settings」指令，在如下的視窗中點選「Remix mode」按鈕，使開啟混合模式。

此鈕變成綠色，即可開啟混合模式

開啟「Remix mode」後，接著按下大圖下方的 ✏ Vary (Region) 鈕，我們可以將穿紅衣的路人甲圈選起來，然後輸入你要替代的提示詞，或是要求 Midjourney 刪除人物，就可以將你不想要的地方給去除掉。

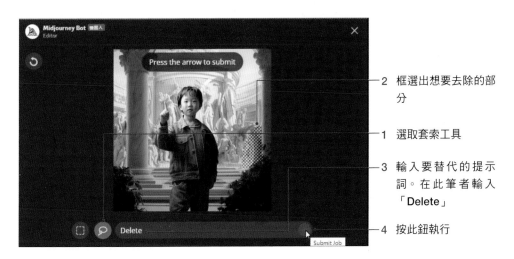

2 框選出想要去除的部分

1 選取套索工具

3 輸入要替代的提示詞。在此筆者輸入「Delete」

4 按此鈕執行

經過兩次「Delete」的編修，所生成的人物就不再出現穿紅衣的路人甲！

學會以上的應用方式後，當你發揮創意進行圖片生成時，就可以適合地把藝術家的風格融入進去，如左下方的男孩為參考圖，加入皮耶-奧古斯特·雷諾瓦風格的竹林，即可顯示右圖的效果。

原參考圖   生成圖

提示詞

■ With the boy as the main character, the background of the character was created in the style of Pierre-Auguste Renoir's bamboo forest, emphasizing soft tones and vivid emotions.

以畫面中的男孩為主角，為該人物的背景生成具有皮耶 - 奧古斯特‧雷諾瓦風格的竹林景觀，強調柔和的色調、生動的情感。

生成大圖後，再透過  鈕選取背景的竹林，輸入想加入的元素，如：背景加入飄散的花瓣（Add loose flower petals to the background），就可以生成新的畫面。

選取範圍並加入提示詞

竹林的背景飄落著花瓣

Note

11

Midjourney
在食衣住行育樂的繪圖範例

在這個數位時代，人工智慧（AI）已經走進我們的生活，不僅提供便利，還帶來了前所未有的創意和想像力。本章將為各位帶來一場關於 AI 在食衣住行育樂六大領域的精彩繪圖之旅。在這一章中，我們將深入探討 AI 繪圖技術如何應用在各個生活領域，從食物到娛樂，以及更多，這些創新的應用不僅豐富我們的視覺體驗，並且改變我們與世界互動的方式。

11-1 食（Food）

飲食是文化的一部分，也是生活的享受，然而 AI 已經開始以前所未有的方式介入到我們的飲食體驗中。這一小節我們將探討兩個令人驚嘆的 AI 應用：「智慧食譜」和「營養平衡分析圖」。這些應用不僅提供了視覺上的愉悦，還幫助我們更理解飲食的營養價值。

11-1-1 智慧食譜 - 根據食譜描述產生相應的食物圖片

隨著社交媒體的興起，食譜分享已經成為一種潮流。現在的 AI 已經可以根據食譜的描述，產出令人垂涎的食物插畫或圖片。這裡我們來了解一下「智慧食譜」的魔力，以及它如何將廚藝提升到一個新的境界。

提示詞

▪ Generate a delicious food illustration based on the following recipe description: a tender grilled chicken breast, drizzled with a rich, creamy mushroom sauce, and a vegetable salad on the side.
根據以下食譜描述，請生成一幅美味的食物插畫：柔嫩的烤雞胸肉，淋上濃郁的奶油蘑菇醬，旁邊擺放蔬菜沙拉。

圖片輸出範例

　　這樣的提示詞將引導 AI 生成一幅符合食譜描述的食物插畫，展現出美味的烤雞胸肉與奶油蘑菇醬的誘人特色。

11-1-2　營養平衡分析圖 - 顯示一道菜的營養分布

　　了解食物的營養價值對於保持健康至關重要。營養平衡分析圖用來清晰呈現一道菜的營養分佈情況。我們來看看 AI 如何幫助我們做出更聰明的飲食選擇，以實現健康生活。

提示詞

▪ Please generate a Nutritional Balance Analysis（NBA）chart which should present the distribution of nutrients in a healthy salad. The salad includes lettuce, carrots, tomatoes, pineapples, and walnuts. The analysis should include the vitamin, mineral, and nutrient content of these ingredients to show the nutritional balance of the dish.

請生成一張營養平衡分析圖,該圖應呈現一道健康沙拉的營養分布。沙拉包括生菜、紅蘿蔔、番茄、鳳梨和核桃。分析圖應包括這些成分的維生素、礦物質和營養含量,以便顯示這道菜的營養均衡。

圖片輸出範例

這樣的提示詞將引導 AI 生成一幅營養平衡分析圖，清楚的呈現沙拉中各種成分的營養分布情況，以幫助人們更簡單地了解這道健康沙拉的營養價值。

11-2　衣（Clothing） ∨

時尚不僅是外表的裝飾，也是個性和風格的展現。這裡將探討 AI 在時尚世界的應用，包括「虛擬時尚設計稿」和「智慧搭配建議圖」，這些應用不僅改變了時尚設計的方式，還幫助我們更輕鬆地創造個人風格。

11-2-1　虛擬時尚設計稿 - 幫助設計新的服裝款式

設計一件時尚服裝往往需要龐大的時間和資源。現在 AI 可以幫助設計師快速生成新的服裝款式，加速時尚設計的過程。此處我們將了解「虛擬時尚設計稿」如何催生創新，並促進時尚產業的發展。

提示詞

▪ Create a fashion design that includes a fashion model wearing an innovative clothing style. The style should be modern and futuristic to emphasize fashion. You can use any colors and elements to show creativity and uniqueness.

請產生一張時尚設計稿，這個設計稿應該包括一位時尚模特穿著一套創新的服裝款式。這套服裝款式應該融合現代和未來感，以突顯時尚。你可以使用任何色彩和元素，來展現創意和獨特性。

圖片輸出範例

　　這樣的提示詞將引導 AI 生成一張時尚設計稿，展現創新的服裝款式，引領時尚趨勢。

11-2-2　智慧搭配建議圖 - 提供個人服裝搭配建議

　　穿著合適的衣服是每個人的日常挑戰之一。AI 不僅可以根據個人喜好，還可以根據衣櫃中的物品提供服裝搭配建議。我們來了解一下，如何藉助「智慧搭配建議圖」來更輕鬆地裝扮自己，展現獨特的風格。

提示詞

- Please generate a smart matching suggestion image based on the following user's closet: white shirt, blue jeans and red sneakers. This user needs a fashionable outfit for going out. Please design a fashionable and comfortable outfit, including accessories, to show your personal style and taste.

請產生一張智慧搭配建議圖，基於以下的衣物：白色襯衫、藍色牛仔褲和紅色運動鞋。需要適合出門的時尚搭配。請設計一套時尚、舒適的服裝搭配，包括配件，以顯示個人風格和品味。

圖片輸出範例

這樣的提示詞將引導 AI 生成一張智慧搭配建議圖，而且是出自於個人衣櫃內容的時尚搭配，幫助他們在出門時更加自信和時尚。

11-3　住（Housing）　⌄

　　家是我們生活中非常重要的一環，而 AI 正好可以幫助我們更容易去規劃和設計整個居家環境。此處我們將介紹「3D 透視圖」和「智慧家庭控制面板設計」的應用，這些技術將提高住家的舒適性和規劃效率。

11-3-1　3D 透視圖 - 依照個人需求建立居家布置方案

　　每個家庭都有不同的需求，因此設計一個適合的居家環境至關重要。AI 可以根據個人的需求和空間特點，生成 3D 透視圖，幫助我們更容易理解設計居家環境的效果。我們先來了解「3D 透視圖」將如何改善居家環境。

提示詞

- Please create a 3D home layout based on the needs of the following users: they want a modern living room with a large sofa, an entertainment center, and enough space for family and friends to gather. Please consider lighting, colors and furnishings to create a comfortable and modern living environment.

  請產生一張 3D 透視圖，根據以下用戶的需求：他們希望有一個現代風格的客廳，要求包括一張大沙發、一個娛樂中心、以及足夠的空間供家人和朋友聚會。請考慮光線、色彩和擺設，以營造一個舒適而現代的居住環境。

圖片輸出範例

　這樣的提示詞將引導 AI 生成一張 3D 透視圖，滿足用戶的需求，呈現出一個現代風格且功能齊全的客廳。

11-3-2　智慧家庭控制面板設計 - 用來控制智慧家庭系統的介面設計

　智慧家庭產品已經讓我們的生活變得更加便捷，而「智慧家庭控制面板設計」則是這一領域的一個關鍵元素。它是我們與智慧家庭系統互動的介面，能夠使家居管理變得更加人性化，此處我們來了解這項技術如何改善我們的家居體驗。

提示詞

▪ Please design an interface for a smart home control panel for controlling smart devices in your home. This control panel should be intuitive and easy to use and include features such as home lighting, thermostat control, security systems and media entertainment. Please ensure that the interface is modern and provides convenient control in a smart home environment.

請設計一個智慧家庭控制面板的介面，用於控制家中的智慧家居設備。這個控制面板應該直覺友善且易於使用，包括家庭照明、恆溫控制、安全系統和媒體娛樂等功能。請確保介面具有現代感，並能夠在智慧家庭環境中提供便捷的控制。

圖片輸出範例

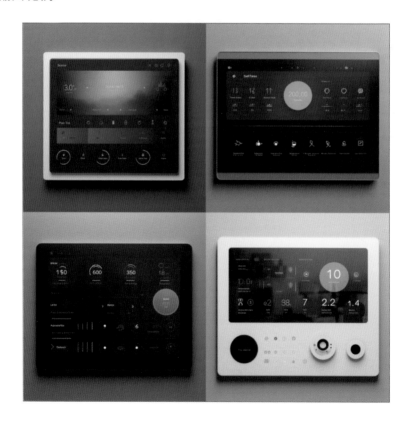

這樣的提示詞將引導 AI 生成一個現代且易於使用的智慧家庭控制面板介面，用於控制家中各種智慧設備，提供便捷的家居控制體驗。

11-4　行（**Transportation**）　⌄

交通是現代生活的重要組成部分，而 AI 正在幫助我們可以更輕鬆理解和管理交通流量。此處我們將介紹「智慧交通分析圖」和「虛擬汽車設計稿」的應用，這些技術將提升我們的行車體驗。

11-4-1　智慧交通分析圖 - 分析和預測交通流量的圖表

城市交通堵塞和安全是全球面臨的重大挑戰。AI 技術的應用使我們能夠更快速分析和預測交通流量，從而改進交通管理。此處我們將了解「智慧交通分析圖」如何幫助城市更有效地規劃交通。

提示詞

- Please create an Intelligent Traffic Flow Analysis（ITFA）map to analyze and predict the traffic flow on a major road in a city. The map should include data such as traffic volume, traffic peaks and average speeds during different time periods. Please use modern charts and visual elements so that traffic professionals can quickly understand and make traffic management decisions accordingly.

  請產生一張智慧交通分析圖，以分析和預測城市某主要道路的交通流量。該圖應包括不同時間段內的車流量、交通峰值和平均速度等數據。請使用現代圖表和視覺元素，以便交通專業人員能夠快速理解並做出相應的交通管理決策。

圖片輸出範例

　　這樣的提示詞將引導 AI 生成一張智慧交通分析圖，呈現出城市主要道路的交通情況，並提供了有用的數據以協助交通管理和決策。

11-4-2　虛擬汽車設計稿 - 幫助設計新的汽車模型

　　汽車是我們日常生活中的重要工具，而 AI 已經開始影響汽車設計的過程。此處我們探討「虛擬汽車設計稿」的應用，這項技術不僅改進了汽車的性能，還增強了駕駛者的安全性。

提示詞

■ Please create a futuristic virtual car design. The car should be a blend of modern technology and eco-friendly concepts with high efficiency and low emissions. Please incorporate innovative body styling, lighting system and wheel design to create an appealing concept car.

請產生一張未來感滿溢的虛擬汽車設計稿。這輛汽車應該融合現代科技和環保理念，並具有高效能、低排放的特點。請結合創新的車身造型、照明系統和輪圈設計，以創造一輛吸引人的概念車。

圖片輸出範例

這樣的提示詞將引導 AI 生成一款未來感十足且具有創新性的虛擬汽車設計稿，展現了現代科技和環保理念的融合，為未來汽車設計提供了靈感。

11-5 育（Education）

教育是社會進步和個人成長的關鍵。AI 技術正在改變教育方式，使之更具互動性和個性化。在這個章節，我們將介紹「互動教育資料視覺化」和「智慧課程規劃圖」的應用，這些技術將提高學習體驗。

11-5-1 互動教育資料視覺化 - 幫助教育者呈現精美資料

教育者和學生需要有效地呈現和理解教育資料。「互動教育資料視覺化」是一種 AI 工具，能夠幫助教育者傳遞知識，使學習變得更加生動有趣。在這裡，我們將探討這項技術如何提升教育效果。

提示詞

▪ Please create a visualization of interactive educational materials to help educators better present educational materials. The visualization should be able to show students' learning progress, grade distribution, and use of materials. Design an intuitive interface where educators can easily view and analyze student performance to make better instructional decisions.

請製作一個互動教育資料視覺化範例，以幫助教育者有效地呈現教育相關資料。這個視覺化範例應該能夠清楚顯示學生的學習進度、成績分布、以及教材的使用情況。請設計一個直覺友善的界面，教育者可以輕鬆檢視並分析學生的表現，以做出更明智的教學決策。

圖片輸出範例

　這樣的提示詞將引導 AI 生成一個互動教育資料視覺化圖例，有助於教育者更理解學生的學習情況，並優化教學過程。

11-5-2　智慧課程規劃圖 - 可建立和規劃教育課程

　學習是一個持續不斷的過程，而「智慧課程規劃圖」也是 AI 的應用，可以協助建立個人化的教育課程，有助於學生更容易規劃學習路徑，實現學業和職業目標。在這裡，我們將利用這項技術來為學習者提供更好的指導。

提示詞

- Please create an Intelligent Curriculum Planner to help educational institutions build and plan educational programs more effectively. This map should include courses for different disciplines, course content, learning objectives and scheduling. Make sure the interface is intuitive and easy to use so that educators can easily organize the curriculum to meet students' needs and learning goals.

  請產生一張智慧課程規劃圖，以幫助教育機構更有效地建立和規劃教育課程。這個規劃圖應該包括不同學科的課程、課程內容、學習目標和時程安排。請確保介面友善易用，以便教育者能夠輕鬆編排課程，以滿足學生的需求和學習目標。

圖片輸出範例

這樣的提示詞將引導 AI 生成一個智慧課程規劃圖範例，有助於教育機構更有效地規劃和管理教育課程，以提供更優質的學習體驗。

11-6 樂（Recreation）

娛樂是生活中不可或缺的部分，而 AI 已經在娛樂領域帶來了新的可能性。此處我們將介紹「虛擬音樂會場景設計」和「智慧遊戲角色設計」的應用，這些技術將豐富我們的娛樂體驗。

11-6-1 虛擬音樂會場景設計 - 幫助設計音樂會或活動的場景

音樂會和活動場景的設計是一門藝術，AI 已經開始參與其中。這裡我們將探討「虛擬音樂會場景設計」的應用，看它如何為音樂愛好者和表演者帶來更具創意的場景體驗。

提示詞

- Please design a Virtual Concert Scene for a concert or event. The scene should create a memorable musical experience, including stage design, lighting effects, sound configuration, and audience seating layout. Please ensure that the scene is unique and visually appealing to attract the audience to the musical event.

  請設計一個虛擬音樂會場景，用於音樂會或活動。這個場景應該創造一個令人難忘的音樂體驗，包括舞台設計、燈光效果、音響配置，以及觀眾席的佈局。請確保場景具有獨特性和視覺吸引力，以吸引觀眾參加音樂活動。

圖片輸出範例

　　這樣的提示詞將引導 AI 生成一個令人難忘的虛擬音樂會場景設計，營造出音樂活動的氛圍，吸引觀眾參與。

11-6-2　智慧遊戲角色設計 - 幫助建立和設計遊戲中的角色

　　遊戲世界中的角色設計是遊戲體驗的一個關鍵因素，AI 已經開始參與到遊戲角色的創作中。這裡我們來看一下「智慧遊戲角色設計」如何豐富遊戲世界，使遊戲更具挑戰性和吸引力。

提示詞

- Please design a smart game character that will be used in an upcoming game. This character should have a unique appearance, special skills and backstory that will engage the player and provide an interesting game experience. Please make sure the character design fits the theme and style of the game and is visually appealing.

請設計一個智慧遊戲角色，該角色將用於一個即將推出的遊戲中。這個角色應該有一個獨特的外貌、特殊技能和背景故事，以吸引玩家並提供有趣的遊戲體驗。請確保角色設計符合遊戲的主題和風格，並具有視覺上的吸引力。

圖片輸出範例

　　這樣的提示詞將引導 AI 生成一個獨特且有吸引力的智慧遊戲角色設計，為即將推出的遊戲增添視覺和故事元素。

Note

12

AI 繪圖商業應用範例

在這一章中，我們將深入探討 AI 在商業領域中的繪圖應用，著重於如何將 AI 技術應用於商業展覽、品牌設計、產品開發、客戶服務、圖書出版以及遊戲和軟體開發。以下是針對每一項目的概要和相關的商業應用範例。

12-1　商務會展

在競爭激烈的商務會展領域，AI 技術的運用開啟了一條提高會展效率、增強參展品牌影響力的新途徑。從設計引人入勝的產品海報，到規劃精準高效的展場配置，AI 工具不僅能夠提升參展者和參觀者的互動體驗，還能為會展策劃提供數據支援和創意靈感。以下各節將介紹 AI 如何在商務會展中扮演關鍵角色，從視覺設計到場地佈局，每一環節都充滿了智慧創新。

12-1-1　產品海報設計

在商務展覽中，產品海報是吸引參觀者目光的首要焦點。AI 能透過深入分析品牌元素和市場趨勢，打造具吸引力且具傳達效果的海報設計。它不只是單純地運用演算法，更透過學習品牌的核心價值和風格，結合創意和效率，為品牌在展覽中的呈現增添亮點。

在台灣的商業展場中，一張設計精美的產品海報往往能立即吸引來賓的目光。利用 Midjourney AI 繪圖工具，設計者可以將品牌的獨特元素和當前市場趨勢融入海報設計中，打造出既符合品牌形象又能引起市場共鳴的視覺作品。透過精準的提示詞（Prompt），AI 可以自動生成多樣化的設計草案，進而加速創意發想的過程。

提示詞

- Design a technological and futuristic themed product poster for [TECO], combining blue and silver brand colors, emphasizing on innovation and high performance, suitable for the main vision of the Electronic Technology Exhibition, the style should be modern and visually impactful, including the wordings of [TECO], Midjourney AI style. --ar 4:7

為 [TECO] 設計一張以科技感和未來主義為主題的產品海報,結合藍色和銀色的品牌色彩,強調創新和高效能,適合用於電子科技展的主視覺,風格要現代且具有視覺衝擊,包含 [TECO] 字樣,Midjourney AI 風格。

圖片輸出範例

12-1-2　3C 用品及家電展配置圖

在 3C 用品及家電展等專業會展中,一個精準佈局的展位配置圖可以直接影響參觀者的體驗及參展商的成交率。現今,借助 AI 技術,我們可以根據歷史資料、人流動向和參觀者偏好來設計展位。AI 不僅能提供實用的佈局建議,還能創造視覺上吸引人的配置圖,這為展覽設計師帶來了極大的方便和靈感。

提示詞

- Create a 3C & Home Appliance Show booth layout that combines elements of Taiwan's character with modern technological styles to showcase efficient foot traffic flow and product interaction areas. The layout should include display booths, interactive areas, lounge areas and product experience areas, and ensure that each section is easy to access and attracts visitors' attention.

產生一張 3C 用品及家電展的展位配置圖，結合台灣特色元素和現代科技風格，呈現出高效的人流動線和產品互動區域。配置圖中應包含展示檯、互動區、休息區和產品體驗區，確保每個區域都方便參觀者進入，同時吸引他們的目光。

圖片輸出範例

12-2 品牌建設

在當今競爭激烈的商業環境中，品牌建設已成為企業獲取市場優勢的關鍵策略。一個強大的品牌不僅能夠創造顧客忠誠度，還能提升企業形象，吸引投資者和優秀人才。在這一過程中，品牌的視覺識別系統起著決定性的作用，它是企業與顧客溝通的視覺橋樑。同時，廣告作為推廣品牌和產品的主要手段之一，其設計質感直接關係到企業市場表現。此處將探討如何運用 AI 技術在這兩個方面進行創新和優化。

12-2-1 AI 品牌視覺識別系統

品牌的視覺識別系統是企業形象的核心，它涵蓋了從 logo 到配色方案、字體以及使用的圖像風格等一系列的視覺元素。這些元素共同決定了品牌的外在表現和內在價值的傳達。以往要建立一個這樣的視覺識別系統都要耗費較長的時程，但是使用 AI 來應用就變得簡單許多，AI 可以透過學習品牌的核心價值和目標市場的特點，為企業提供一套量身定做的視覺識別方案。

提示詞

▪ Create a visual identity system for a technology company brand customized for the Taiwan market. The requirements were modern and dynamic, including a unique logo design, fonts and color scheme that fit the brand image. The style needed to convey innovation and reliability, while appealing to young consumers and demonstrating Midjourney AI's creativity and sophistication.

針對台灣市場，設計一個科技公司品牌的視覺識別系統。要求現代且有活力，包括獨特的 LOGO 設計、符合品牌形象的字體和配色方案。風格上需傳達出創新與可靠性，同時吸引年輕消費者，顯示出 Midjourney AI 的創造力和細緻度。

圖片輸出範例

12-2-2　智慧廣告設計稿

在當今廣告行業的數據驅動浪潮中，智慧廣告設計透過 AI 的加持，為品牌量身打造具有針對性和吸引力的廣告方案。這種結合創意與數據分析的方法，不僅能夠捕捉到目標顧客群的細微偏好，更能以精準的訊息投遞，增強廣告的互動性和效果。無論是社交媒體廣告、線上橫幅，還是傳統印刷媒體，AI 智慧廣告設計都能迅速應對多變的市場需求，為企業帶來前所未有的市場競爭力。

提示詞

- Design a series of online and offline advertisements for an eco-sustainable Taiwanese start-up brand, which needs to present a green theme and at the same time resonate with the lifestyle of young people. The design should show freshness, energy, and a sense of harmony between technology and nature. Keywords include: "eco-friendly", "innovative technology", "young fashion". --ar 16:9

請為一家注重生態永續的台灣新創品牌設計一系列線上與線下廣告,須呈現出綠色環保的主題,同時與年輕族群的生活方式產生共鳴。設計稿應該顯示出清新、活力,以及對於科技與自然和諧共存的理念。關鍵詞包含:「生態友好」、「創新科技」、「年輕時尚」。

圖片輸出範例

12-3　產品開發

產品開發是企業創新和市場競爭力的重要驅動力。隨著人工智慧技術的發展,AI 現在不僅能夠參與到產品設計的各個階段,還能夠大幅度提高產品從構思到實現的速度和品質。特別是在高科技產品和消費品領域,AI 的應用可以將創新理念快速轉化為實際的原型,並透過智慧分析來預測產品設計的市場表現。此處將介紹 AI 在 3D 產品原型設計以及封面設計中的具體應用。

12-3-1　3D 產品原型設計(科技車)

隨著 AI 技術的進步,3D 產品原型設計不再侷限於傳統的方式。特別是在科技車領域,AI 賦能設計師快速構思並實現創新的車輛設計。利用 AI,從概念到模型的每

一步都變得更加迅速與精準，大幅縮短了產品從設計到生產的週期。這種技術革新不僅促進了新產品設計的可能性，也為企業提供了一條高效且成本效益高的研發新途徑。

提示詞

■ To create a 3D technology vehicle prototype that incorporates the latest technology, a futuristic design and an eco-friendly powertrain that is streamlined and intelligently interconnected. Emphasis is placed on innovation and performance, as well as safety and comfort. Keywords include: "futuristic", "green energy", "smart technology", "safety".

設計一款結合最新科技的 3D 科技車原型，請展現未來主義設計風格和環保動力系統，要求車輛外型流線且具備智慧互聯功能。強調創新與效能兼備的特點，同時兼顧安全與舒適性。關鍵詞包括：「未來感」、「綠色能源」、「智慧科技」、「安全」。

圖片輸出範例

12-3-2 　手機保護殼設計

在今日的快節奏消費市場，產品的外觀設計成為吸引消費者注意力的重要因素。手機保護殼設計運用 AI 的強大數據分析能力，不僅迎合市場趨勢，更能觸及消費者的審美情感。透過對大數據的深入挖掘，AI 能在短時間內提供多元化且適合目標族群的設計方案，讓品牌在眾多產品中脫穎而出。

提示詞

■ To design a smartphone cover targeting the young generation, we need to combine contemporary pop elements with a sense of technology and reflect the spirit of vitality and innovation. Please add the following elements: "youthful vigor", "technology", "pop culture", "market trend".

設計一個以年輕世代為目標客群的手機保護殼，要求結合當代流行元素與科技感，並反映出活力與創新精神。請加入元素：「青春活力」、「科技感」、「流行文化」、「市場趨勢」。

圖片輸出範例

12-4 客戶服務

在客戶服務領域，提供清晰、個性化的資訊是提升客戶滿意度和忠誠度的關鍵。隨著 AI 技術的進步，現在可以提供更精準、更個性化的客戶服務工具，這些工具不僅提升了客戶體驗，還增強了企業的營運能力。AI 可以處理龐大的資訊並從中提煉出有價值的見解，從而提供個性化的解決方案和建議。此處我們將探討 AI 在生成交通路線圖和客戶旅程地圖方面的具體應用。

12-4-1 交通路線位置圖

對於那些需要前往特定地點的客戶而言，獲得一張清晰、簡潔且高效的路線圖至關重要。現今的 AI 技術已經能夠根據客戶的當前位置、交通狀況和目的地需求，生成最佳的行駛路線。這不僅僅包括提供最迅速的行進路線，還考慮到客戶偏好的路線類型，例如避開高速公路、避免收費路段，或提供最具風景的道路選擇。這種個性化的導航服務不僅提升了客戶滿意度，同時也節省了他們的寶貴時間。

提示詞

- Please generate a personalized traffic map from Taipei 101 to Shilin Night Market based on the Taipei City traffic network. The screen style is simple and clean, showing the main route map, suitable for smartphone screens
  請根據臺北市交通網絡，產生一張從臺北 101 到士林夜市的個性化交通路線圖。畫面風格簡潔，顯示主要路線圖，適合智慧型手機螢幕查看。

圖片輸出範例

12-4-2　智慧客戶旅程地圖

　　了解客戶的購物旅程，對企業來說是贏得市場和顧客忠誠度的關鍵。AI 的介入讓客戶旅程地圖變得更加精確和個性化。企業可以利用 AI 來分析消費者的行為數據，從而繪製出客戶從認知到購買的每一步，識別出在購物過程中的每一個接觸點。這種智慧地圖的應用，讓企業能夠更容易理解客戶需求，進而提供更加個人化的產品和服務。

提示詞

- Create a customer journey map that reflects the entire process from product discovery to purchase, using AI to analyze consumer behavior data in the Taiwan market, highlighting key interaction points in the shopping decision process, including online ads, social media reviews, friend recommendations, physical store experiences, and customer service interactions, etc., in an intuitive and easy-to-understand style, with vibrant colors that are suitable for digital displays. 產生一份反映消費者從發現產品到購買全過程的客戶旅程地圖，使用 AI 分析台灣市場消費者行為數據，突顯出購物決策過程中的關鍵互動點，包括網路廣告、社交媒體評論、朋友推薦、實體店體驗及客服互動等，風格要清楚易懂，用色鮮明，並適用於數位展示。

圖片輸出範例

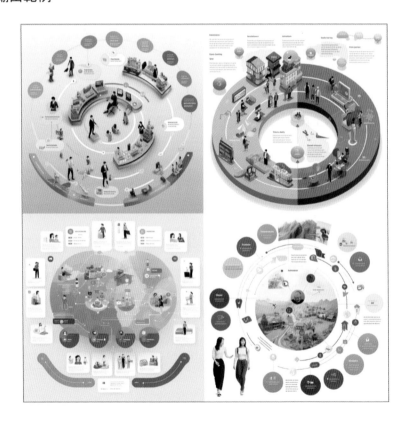

12-5 圖書出版

　　圖書出版行業一直在尋求創新方式來吸引讀者，提高生產效率，並降低成本。隨著 AI 繪圖技術的發展，出版社現在能夠更快產生立即可用的視覺內容，這不僅改變了讀者的閱讀體驗，還增加了創作的多樣性。無論是在漫畫的內容創作還是教育素材上，AI 都開啟了新的可能。此處將探討 AI 在四格漫畫創作和商務對話情境圖製作中的應用。

12-5-1 四格漫畫

　　四格漫畫因其簡潔有力的娛樂效果和節奏感，在台灣讀者之間廣受歡迎。然而，要創作出讓人會心一笑的四格漫畫，不僅要有創意的劇情，還需要精湛的繪畫技巧。現在，AI 技術的進步使得這一過程得以簡化。AI 可以透過海量的漫畫素材進行學習，快速生成四格漫畫。不僅大幅降低了創作的門檻和時間成本，也成為漫畫家和創作者強而有力的工具。

提示詞

▪ Generate a four-panel comic strip, the story theme is Taiwan daily life, the style should imitate the classic Taiwan four-panel comic strip style, the characters' expressions are exaggerated and vivid, including daily dialogues, suitable for all ages, colorful and eye-catching, the first panel sets the background and character introduction, the second panel develops conflict, the third panel reaches the climax, and the fourth panel brings an unexpected humorous ending. 產生一篇四格漫畫，故事主題是台灣日常生活趣事，風格應模仿經典台灣四格漫畫風格，角色表情誇張且生動，包含日常對話，適合全年齡層閱讀，顏色鮮艷且吸引眼球，第一格設置背景和人物介紹，第二格發展衝突，第三格達到高潮，第四格帶來意想不到的幽默結局。

圖片輸出範例

12-5-2　商務對話考題情境示意圖

在商務語言學習和考試的編寫中，情境圖表是一個重要的輔助工具，它幫助學生理解和記憶商務對話中的具體應用。AI 的介入使得這些示意圖可以更精確地反映真實世界的商業場景，並且根據教學內容的需求來進行生成。透過 Midjourney AI 等工具，我們可以根據具體的商務對話情境，產生生動、符合實際商業背景的情境示意圖。這些圖像不僅可以用作語言學習素材，還可以作為考題中情境問題的附圖，增加學習和考試的趣味性與實用性。

提示詞

▪ Create a scenario map that meets the business dialog question and includes a business meeting scene in Taiwan with characters wearing formal business attire and giving a product presentation. The background is set inside the conference room, with a projection screen and conference table. Please show the business culture elements that are characteristic of Taiwan, and add multi-cultural representative characters to interact with each other. The overall style is professional and contemporary, and clearly demonstrates the specific context in which the business dialog is taking place.

產生一張符合商務對話考題的情境示意圖,內容須包含台灣商務會議場景,人物穿著正式商務裝,並在進行產品簡報。背景設置為會議室內部,有投影布幕和會議桌,請顯示台灣特色的商務文化元素,並加入多元文化代表性的角色互動,整體風格專業且具有當代感,清楚表現商務對話發生時的具體情境。

圖片輸出範例

12-6 遊戲與線上軟體開發 ∨

在遊戲和線上軟體的開發領域，視覺藝術元素是創造沉浸式體驗的關鍵。AI 繪圖技術正逐步革新遊戲和軟體開發流程，使創作變得更加高效且具有創新性。AI 不僅能夠輔助設計師快速生成概念圖和原型，還能提供個性化的設計建議，從而豐富遊戲世界的細節和敘事深度。以下我們將探討 AI 如何在角色和場景製作上開啟新的可能性，為遊戲和軟體開發人員提供前所未有的創作工具。

12-6-1 角色設定

在遊戲的世界建構中，角色設計是串聯玩家情感和故事情節的關鍵。AI 繪圖技術的進步，已經使得角色創造變得更為高效和多元。遊戲開發者可以透過向 AI 提供詳細的角色設定，包括性格、外觀、服飾甚至背景故事，來指導 AI 生成具有深度和藝術感的角色圖像。這一技術不僅可以加速遊戲開發流程，還能在創意上給予開發者更多的可能性。

提示詞

- Please create a game character design in the style of a classical Taiwanese martial arts warrior with a heroic and intelligent personality, dressed in traditional martial arts attire and wielding a double-edged sword. Set in the mountains and forests of ancient Taiwan, the character possesses healing and elemental manipulation abilities, and the overall image should be mysterious and charismatic, reflecting the character's strength and cultural heritage.

  請設計一個遊戲角色，具有台灣古典武俠風格，性格英勇且智慧，身著傳統武術服飾，手持雙刃劍。背景設定在古代台灣山林，角色擁有治癒和元素操控的能力，整體形象要求神秘而富有魅力，體現出角色的力量與文化底蘊。

圖片輸出範例

12-6-2 場景設計

　　場景設計是在製作遊戲和互動軟體中的一項複雜任務，要求豐富的創造力和細緻的設計工作。借助 AI 的力量，設計師可以快速產生多樣化的場景草圖，這些草圖不僅忠實於設計師的原始構想，還能提供新的視角和創意。AI 演算法可以分析自然環境、建築結構、照明效果等各種元素，從而生成高質感的場景視覺。這讓設計師能夠更專注於創意和敘事的細節，同時也大幅提高了開發過程的效率。

提示詞

■ Designing an urban futuristic landscape that combines the characteristics of Taiwan with high-tech skyscrapers and traditional night markets, with stars under the night sky and the sci-fi feeling of neon signs and hover cars, please retain the elements of Taiwan's local culture while displaying an avant-garde and futuristic visual style.

產生一張結合台灣特色的都市未來風景，具有高科技感的摩天大樓和傳統夜市相融合，夜幕下繁星點點，帶有霓虹燈牌和懸浮車的科幻感，請在保留台灣本地文化元素的同時，展現出前衛且未來主義的視覺風格。

圖片輸出範例

AI 繪圖的商業應用範圍非常廣大，它不僅能夠提高工作效率，還能透過數據驅動的洞察來提升創意和設計的質感。隨著技術的進步，未來 AI 在這些領域的應用將變得更加普遍和精細。

讀者回函

感謝您購買本公司出版的書，您的意見對我們非常重要！由於您寶貴的建議，我們才得以不斷地推陳出新，繼續出版更實用、精緻的圖書。因此，請填妥下列資料(也可直接貼上名片)，寄回本公司(免貼郵票)，您將不定期收到最新的圖書資料！

購買書號：＿＿＿＿＿＿　書名：＿＿＿＿＿＿

姓　　名：＿＿＿＿＿＿＿＿＿＿＿＿＿＿＿＿＿＿＿＿＿

職　　業：□上班族　　□教師　　□學生　　□工程師　　□其它

學　　歷：□研究所　　□大學　　□專科　　□高中職　　□其它

年　　齡：□10~20　　□20~30　　□30~40　　□40~50　　□50~

單　　位：＿＿＿＿＿＿＿＿＿＿＿　部門科系：＿＿＿＿＿＿＿＿＿

職　　稱：＿＿＿＿＿＿＿＿＿＿＿　聯絡電話：＿＿＿＿＿＿＿＿＿

電子郵件：＿＿＿＿＿＿＿＿＿＿＿＿＿＿＿＿＿＿＿＿＿＿＿＿＿

通訊住址：□□□ ＿＿＿＿＿＿＿＿＿＿＿＿＿＿＿＿＿＿＿＿＿

您從何處購買此書：

□書局 ＿＿＿＿＿　□電腦店 ＿＿＿＿＿　□展覽 ＿＿＿＿＿　□其他

您覺得本書的品質：

內容方面：　□很好　　　□好　　　□尚可　　　□差

排版方面：　□很好　　　□好　　　□尚可　　　□差

印刷方面：　□很好　　　□好　　　□尚可　　　□差

紙張方面：　□很好　　　□好　　　□尚可　　　□差

您最喜歡本書的地方：＿＿＿＿＿＿＿＿＿＿＿＿＿＿＿＿＿＿＿＿＿

您最不喜歡本書的地方：＿＿＿＿＿＿＿＿＿＿＿＿＿＿＿＿＿＿＿＿

假如請您對本書評分，您會給(0~100分)：＿＿＿＿＿＿ 分

您最希望我們出版那些電腦書籍：

請將您對本書的意見告訴我們：

您有寫作的點子嗎？□無　　□有　　專長領域：＿＿＿＿＿＿＿＿＿

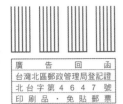

廣　告　回　函
台灣北區郵政管理局登記證
北台字第 4 6 4 7 號
印刷品・免貼郵票

221

博碩文化股份有限公司　產品部

台灣新北市汐止區新台五路一段112號10樓A棟